고등학교 대신 지구별 여행

여행자의 수첩 ⑤

고등학교 대신 지구별 여행

초판 1쇄 발행 2014년 1월 27일

글 | 소율
사진 | 한새

발행인 | 권오현 부사장 | 임춘실
기획 | 이헌석 편집 | 김보라 · 김은경 디자인 | 안수진
마케팅 | 이종근 · 임동건

펴낸곳 | 돌을새김
주소 | 서울시 종로구 이화동 27-2 부광빌딩 402호
전화 | 02-745-1854~5 팩스 | 02-745-1856
홈페이지 | http://blog.naver.com/doduls 전자우편 | doduls@naver.com
등록 | 1997.12.15. 제300-1997-140호
인쇄 | 금강인쇄(주)(02-852-1051)

ISBN 978-89-6167-122-4 (13980)
Copyright ⓒ 2014, 소율

값 15,000원

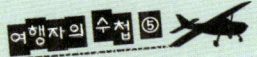

여행자의 수첩 ⑤

사춘기 아들 · 사추기 엄마의 탐나는 가출

고등학교 대신 두근두근 지구별 여행

글 소율 · 사진 한새

SOUTH AFRICA

ZAMBIA

SWAZILAND

MALAWI

ZIMBABWE

THAILAND

MYANMAR

NEPAL

POLAND

TANZANIA

돋을새김

길 위를 함께한

수천 개의 손들에게

그러나 꼭
가야 할 곳에

오래 전 한비야의 여행기에 번개를 맞은 뒤, 불씨가 생겼다.
'언젠가 나도 저런 삶을!'

세월이 지나는 동안 그 불씨가 다 꺼져버린 줄 알았다.
그것은 어느 날 되살아나 가슴을 뜨겁게 달구었다.
더 이상 같은 삶을 반복하기 싫었다.

아들을 살살 꼬드겨 세상 밖으로 끌어냈다.
아이에게 저 넓은 세상을 보여주고 싶었다.
엄마와 아들은 우물 밖 우주를 유영하기로 했다.
여행은 물 흐르듯 제 맘대로,
그러나 꼭 가야 할 곳에 우리를 데려다주었다.
계획 따위는 필요없었다.

여행은 처음에 쓰고 짜고 떫었다.
갈수록 달콤해졌다가 마침내 향기로워졌다.

집으로 돌아와 보니 일상이야말로 또 다른 모험이었다.
여행과 일상은 뫼비우스의 띠처럼 연결되어 있었다.
일상은 여행을 불러온다.
여행은 또 일상을 불러온다.

아이는 스스로 제 갈 길 찾아 잘 해내고 있다.
나도 꿈꾸는 게 훨씬 많아졌다.
인생은 경이롭다.

차례 Contents

러시아

몽고

~스탄

키르기스스탄

~스탄
타자키스탄

중국

북한

한국

일본

~스탄

파키스탄

네팔

인도

방글라데시

인도

미얀마

라오스

홍콩

대만

태평양

태국

스리랑카

캄보디아 베트남

필리핀

인도양

말레이시아

싱가포르

인 도 네 시 아

163일간의 경로　　　**한국**(인천) → **남아공**(케이프타운 – 더반 – 프리토리아 – 요하네스버그) → **스와질란드**(만지니 – 음릴와네 야생동물 보호구역) → **남아공**(요하네스버그) → **짐바브웨**(블라와요 – 빅토리아 폴즈) → **잠비아**(리빙스턴 – 루사카) → **말라위**(릴롱궤 – 살리마 – 은카타베이) → **탄자니아**(투크유 – 음베야 – 이링가 – 다르에스살람) → **태국**(방콕) → **네팔**(카트만두 – 포카라 – 카트만두) → **태국**(방콕) → **미얀마**(양곤 – 냥우 – 만달레이 – 띠보 – 삔우린 – 만달레이 – 냥쉐 – 껄로) → **태국**(방콕 – 꼬 창 – 방콕) → **폴란드**(바르샤바 – 비아워비에자 – 포즈난) → **한국**(인천)

#01

지도를
외우는 아이

순진한
꼬맹이

"얘가 딸이라 다행이다! 언니가 있으니, 외롭지 않겠네."

갓 태어난 나는 엄마가 이렇게 말씀하시기를 기대했는지 모른다. 그러나 소망과는 달리 엄마는 이렇게 말씀하셨다.

"딸이 하나라 아쉬웠는데 잘됐다! 이제 우리 큰딸이 외롭지 않겠네."

주어가 큰 딸이냐 작은 딸이냐의 간극은 태평양 이쪽에서 저쪽만큼이나 큰 것이다. 엄마는 장사를 하는 바쁜 와중에도 국민학교 6학년 때까지 언니의 긴 머리를 빗겨가며 전국의 웅변대회를 데리고 다녔다. 나는 1학년에 입학하자마자 댕강 바가지 머리가 되었다. 가족 앨범에 붙어있던 언니 사진이 생각난다. 언니는 긴 머리를 얌전히 귀 뒤로 넘기고 목둘레가 해바라기처럼 생긴 하얀 블라우스를 입고 있었다.

막 세상에 나온 나는 엄마가 한 말의 의미를 곧바로 알아챈 게 틀림없다. 순종해야 살아남는다는 듯 조연이라는 배역을 불만 없이 받아들였다. 아직 엄마 젖을 빨 때부터 나는 온순한 아기였다. 젖을 떼려고 젖꼭지에 쓴 약을 발랐는데 단 한 번 빨아보고는 바로 떨어지더란다. 남동생은 쓰거나 말거나 끝까지 엄마 젖을 물고 늘어졌다던데.

형제가 다섯이라 북적북적 살 부대끼며 자랐을 것 같지만 실상은 그렇지도 않았다. 위로는 작은 오빠, 아래로는 남동생. 애초에 노는 게 달랐다. 그렇다고 언니를 따라다니자니 다섯 살 터울이 장벽이었다. 장남인 큰오빠는 나보다 여덟 살이 많았다. 중학교 때부터 서울로 유학 가 있었던 까닭에 심리적으로나 물리적으로나 먼 나라 사람이었다. 오남매 중넷째라는 위치는 이를테면, 겉은 빵빵한데 속은 텅 빈 '공갈빵' 같은 것이었다.

나는 교과서에 나오는 아이처럼 어른 말씀을 잘 들었다. 그리고 웬만하면 바쁜 엄마를 귀찮게 하지 않았다. 누가 시키지도 않았는데 어릴 때부터 내 할 일은 알아서 했다. 그건 맏아들도 맏딸도 막내도 아닌 중간에 끼인 아이로서 그나마 부모님의 사랑을 받을 수 있는 나름의 처세였다.

지금도 엄마는 가끔 그 얘기를 하신다. 내가 아주 꼬마 적에, 그러니까 학교도 들어가기 전 대여섯 살 때쯤, 한 동네에 같이 놀던 친구들이 있었다. 이름은 기억나지 않지만 한 애는 '토끼', 또 다른 애는 '넙죽이'라 불렀다. 생긴 것도 샐쭉하고 행동이 약삭빠르다고 토끼, 얼굴이 넓적해서 넙죽이였다. 문제는 내가 이 애들과 놀다가 자주 맞았다는 것이다. 아마내가 가장 어린 데다 마음까지 여린 탓이었겠지. 툭 하면 맞고 들어오는 딸내미를 보자니 엄마는 열불이 터졌던가 보다. 그래서 하루는 내게 이렇게 코치를 하셨다.

"걔가 때리면 너도 뺀닥지(뺨따귀의 충주 말)를 탁 때리란 말이야!"

그런데 어느 날, 또 맞고 집으로 도망쳐 와서는 결국 대문 뒤에 숨더란다.

"우리 엄마가 너 뺀닥지를 탁 때리라는데, 나는 그렇게는 못 하겠어!"

여닫을 때마다 끼익끽 소리가 나던 누런 나무대문. 빗장을 지르는 옛날식 대문이었다. 밖으로 나가지도 못하고 그 육중한 대문 틈으로 그렇게 소리만 지르더란다. 이런 못 말리는 쑥맥 같으니.

그러던 꼬마가 머리가 굵어 중학생이 되자 '낭만'이란 단어가 근사해 보였다. 낭만적인 사람, 낭만적인 계절, 낭만적인 영화, 그리고 낭만적인 기차여행! 그때 처음 '여행'이란 게 있는 줄 알았다. 기차 타고 떠나는 낭만여행. 여행은 그렇게 단발머리 여중생의 로망이 되었다.

'나도 언젠가는 기차를 타고
멋진 신세계로 여행을 떠나야지.'

내 꿈의 여행지는 현실의 어떤 곳이 아니라 그냥 미지의 세계였다. 사실 내 고향 충주에서 기차는 퇴락한 교통수단이었다. 사람들은 대부분 고속버스를 타고 다녔다. 그래도 내 낭만의 정수는 어디까지나 '기차여행'이었다. 허나 기차여행은커녕 여고생이 되어서도 낭만여행에 대한 동경은 마음뿐이었다. 여전히 충주 밖으로 일탈 한번 시도해보지 못 하는 맹꽁이었으니까.

그리고 그 순진한 꼬맹이는 자라서 엄마가 되었다.

지도를
외우는 아이

'여행'이란 단어가 다시 가슴속에 들어온 건 결혼한 이듬해였다. 결혼하자마자 내 배 속으로 날아든 아이가 어느새 뽈뽈 기어 다니던 여름날, 나는 한비야의 여행기를 읽었다. 그건 뒤통수를 번개로 내리치는 충격이었다.

'아, 이렇게도 살 수 있는 거구나! 이런 인생도 있구나!'

소녀 적의 낭만여행은 잊은 지 오래였지만 여행이라는 불씨는 다시 반짝했다. 그러나 한가로이 해외여행을 꿈꾸기에는 현실이 버거웠다. 결혼생활은 흐리고 비 옴 끝에 가끔은 맑았다. 불씨는 이내 깊숙이 파묻혀 버렸다.

그래도 가장 위로가 되어준 존재는 아이였다. 젖먹이 때부터 우리는 서로 얼굴을 마주보며 이야기를 나누었다. 아이가 먼저 말했다. "옹알옹알 앙앙." 그럼 엄마가 받았다. "옹알옹알 응응." 장마철에는 아이를 포대기로 업고 큰 우산을 쓰고 동네를 돌아다녔다. "이건 장미, 이건 미끄럼틀, 이건 돌멩이." 아이는 꼼지락꼼지락 엄마 말을 다 알아들었다.

대여섯 살 때부터는 아이 손을 잡고 나들이를 다녔다. 미술관, 공원, 개울가, 수목원, 딸기밭, 포도밭…. 세 식구는 매년 강원도로 여행을 떠났다. 평창, 속초, 강릉, 인제, 정선, 삼척, 홍천, 양양, 고성, 영월, 태백, 그리고 동해안의 작은 해수욕장들. 여름이 끝나는 8월 말이나 겨울이 끝나는 2월이 가장 좋았다. 사람들로 붐비지 않고 숙박비도 저렴했으므로.

아이가 한글을 뗀 이후로 가장 즐기는 놀이는 지하철 노선도 외우기와 그리기. 출발역과 종착역 사이의 그 많은 역들을 막힘없이 줄줄 읊었다. 특히 자주 타는 2호선과 4호선이 전공이었다. 어디를 가려면 어디서 갈아타야 하는지도 척척 나왔다. 시간 날 때마다 철도청(국철)과 서울지하철공사(1~4호선), 서울도시철도공사(5~8호선) 홈페이지에 들어가 안내방송을 들었다. 라디오 애청자는 많겠지만, 내가 아는 한 지하철 방송 애청자는 아마 아들밖에 없을 거다. 2호선과 4호선의 안내방송이 어떻게 다른지를 내게 알려줄 때는 어찌나 뿌듯해하던지. 아이는 열차가 출발할 때와 도착할 때 내는 신호음이 다르다는 사실도 가르쳐주었다. 아들보다 족히 10년은 더 넘게 전철을 타고 다녔지만 나는 이런 사실을 까맣게 몰랐다.

듣기와 함께 동반되는 작업은 그리기였다. 처음엔 저 혼자 각 호선의 노선도를 하나씩 그렸다. 그러다가 나중에는 욕심이 늘어 과천역사(아들은 17년 동안 과천에서 나고 자랐다.) 벽에 붙어있는 것처럼 멋들어진 '진짜 노선도'를 갖고 싶어 했다. 하지만 당시 8호선까지 한꺼번에 얽혀있는 복잡한 그림을 어린아이가 그리는 건 무리였다. 결국 아이는 아빠를 졸라댔다. 남편은 제법 난해한 노선도를 들여다보며 매우 난처해했다. 그러다 도저히 못 말리겠다는 듯 몇 시간에 걸쳐서 노선도를 완성해냈다. 커다란 달력 뒷면에 각 호선의 색깔별로 노선도를 그리고 역 이름을 적어주었다. 아이는 그 노선도를 소중히 모셔놓고 보고 또 보았다. 그건 자신만의

보물이었다. 잦은 이사에도 빠뜨리지 않고 꽤 오랫동안 누렇게 색이 바랜 노선도를 가지고 다녔다. 나중에는 너무 낡아 버리고 말았지만, 지금 생각하니 그대로 놔두지 못한 게 아쉽다. 옛사랑의 추억을 가끔 돌아보는 것도 나쁘지 않을 텐데.

　아이의 애인은 지하철뿐만이 아니었다. 지하철 사랑이 채 식기도 전에 다른 사랑이 나타났다. 새 애인은 지도였다. 전철 노선도는 사실 지도 세계에서는 풋내기다. 아이는 진짜 지도에 푹 빠졌다. 아직 내비게이션이 없던 시절, 당시에는 모두들 지도를 보고 길을 찾았다. 차 안에 두고 다니던 전국 지도책. 아이는 그것을 날마다 탐독했다. 전국으로 이어지는 고

속도로와 지방도로를 외우다시피 들여다보았다. 얽히고설킨 선들을 흥미
로워했고 위아래에 쓰인 범례의 기호들도 재미있어했다. 여행할 때 운전
하는 아빠에게 길을 알려주는 건 당연 아이의 몫이었다. '보고 또 보고'를
반복하면 사랑이 되는 건지, 사랑이 되려면 '보고 또 봐야' 하는 건지 아무
튼 아이는 그렇게 지도를 사랑했다. 지하철에 흥미가 떨어진 뒤에도 지도
는 여전히 아이의 마음을 사로잡고 놓아주지 않았다.

몇 년 뒤 지도 사랑은 재활용품 놀잇감 만들기로 이어졌다. 주로 지도를 응용해서 만들었는데, 그중에서 '부루마블 TOUR OF KOREA'는 유일하게 지금까지 가지고 있는 것이다. 말하자면 부루마블 한국판이다. '기획 · 제작: 송한새, 후원: 아빠, 협조: 엄마 · 인터넷'이라고 써놓았다. 추억의 부루마블 게임과 똑같다. 하드보드지에 우리나라 지도를 그리고 네면에는 전국의 관광지를 적어놓았다. 오색약수, 독도, 설악산, 만장굴, 남대문, 서울랜드, 백제문화재 등. 관광지들은 지도의 현재 위치에 빨간 선으로 연결해놓았다.

고속도로(고속도로 주인에게 20만 원을 지불) : 다음 차례에 어디든지 갈 수 있습니다.
감옥 : 세 차례 동안 주사위를 던져서 더블이 나올 때까지 이 칸에 있어야 합니다.

친구들이 오면 이 부루마블을 가지고 놀았다. 집에는 진짜 부루마블 게임도 있었지만, 아이들은 한새표 부루마블을 더 좋아했다. 하드보드지를 비닐로 탄탄하게 씌워놓아서 지금까지도 멀쩡하다. 이제 열여덟 살 청년은 더 이상 이것을 가지고 놀지 않는다. 그래도 이사할 때는 잊지 않고 손수 챙겨 고이 모셔왔더라.

수천 개의 손이
돕는다

#1

"엄마, 국기에 대한 맹세는 왜 외워야 해? 애들한테 왜 나라를 위해 목숨 바치라고 하는 거야? 그건 군인 아저씨가 하는 거잖아."

아홉 살짜리 입에서 이런 말이 나왔을 때, 난 너무나 놀랐다. 아이는 이제 막 초등학교 2학년이 된 참이었다. 나는 그런 생각을 중학생쯤 되어서야 했던가. 어린애가 어떻게 저런 생각을 했을까? 학교라는 거 1년이면 충분히 겪어보았다는 듯, 아이는 가끔 생각지도 못한 질문을 툭 던졌다.

"운동장에서 애국조회는 왜 하는지 모르겠어. 교장 선생님도 만날 똑같은 말만 하고. 너무 재미없어."

"운동회에서 다른 아이들이 달리기 할 때 나머지 우리는 꼭 지겹게 앉아 있어야 해? 꼭 잘하는 아이만 뛰어야 해? 다 같이 달리면 안 돼?"

아이는 학교에서는 전형적인 모범생 스타일인데, 엄마에게 이런 이야기를 털어놓을 때만은 전형적인 반항아 스타일이었다. 그런데 나는 이렇게 상반된 아이의 태도가 걱정이었다. 그건, 아직 어리지만 본능적으로 학교라는 시스템에 문제를 느끼고 있다는 뜻이기 때문이었다. 이런 식으로 학년이 올라가고 또 중학생, 고등학생이 된다면 아이의 학교생활은 결코 행복하지 않을 것 같았다. 다른 방법을 찾아보기로 했다. 드디어 2학기에는 국기에 대한 맹세를 외우지 않는 학교로 전학을 했다. 발도로프 교육을 지향하는 작은 대안학교였다. 아이는 새 학교에서 잘 놀고 즐겁게 공부했다.

#2

내가 다시 여행을 떠올린 건 나이 마흔에서였다. 아이는 어느새 열두 살이었고, 아내와 며느리 자리를 슬며시 내려놓고 나 자신으로 살아보고 싶어졌다. 꺼져버린 줄 알았던 불씨가 다시 살아났다. '이제라도 못 할 건 뭐야?' 오랜 친구가 넌 할 수 있다고, 해보라고, 마구 부채질을 해주었다. 그 바람을 타고 첫 해외여행을 시도했다. 세 식구가 함께하는 5일간의 태국여행. 비행기 표부터 숙소, 갈 곳까지 혼자서 모든 것을 준비했다. '해보니 얼마든지 다닐 만하잖아!' 자신감 백배. 돌아오는 비행기 안에서 나는 이미 다음 여행 계획을 짜고 있었다.

6개월 뒤 이번에는 아들과 둘이서 21일간의 동남아 여행을 감행했다. 빵빵한 배낭을 메고 캄보디아, 태국, 라오스를 돌아다녔다. 나는 자유로웠고 행복했다. 아이는 아무데서나 잘 먹고 잘 자고 잘 걸었다. 그만하면 최고의 여행 파트너였다. 이젠 어디라도 갈 수 있을 것 같았다. '앞으로는 매년 한 달씩 여행을 다녀오자. 그렇게 세계의 대륙을 차례차례 밟아보는 거야, 아자!'

그런데 이렇게 한번 용기가 생기자 이번에는 세계일주를 하는 사람들이 눈에 들어오기 시작했다. 알고 보니 생각보다 많은 사람들이 1년, 2년씩 장기여행으로 세계를 누비고 있었다. 세계 일주는 불가능한 꿈이 아니라 이미 많은 사람들이 실현하고 있는 꿈이었다. '1년에 한 번씩 갈 수 있다면, 그냥 1년을 다녀보는 건 왜 안 되지?'

앉아서 꿈만 꾸던 세계여행. 그걸 직접 해보기로 했다. '여행 유전자'를 물려받은 아들 역시 대찬성이었다. 이제 세계여행은 모자의 버킷리스트 1순위가 되었다. 만 3년 뒤를 그날로 잡았다. 아이가 8학년을 마치고 난 다음해다.

#3

3년 정도 준비하면 충분할 거라고 생각했다. 그런데 돌아보니 몇 년 동안 뭘 준비한 건지 모르겠다. 여행 경비에 보태고자 아르바이트도 하고, 혹시 운전을 해야 할 일이 생기지 않을까 해서 운전면허도 따고, 여행기를 남기고 싶어 글쓰기 강좌도 듣고. 해마다 바쁘긴 했는데 실질적인 여행 준비는 별로 하지 못했다. 준비의 방향을 완전히 잘못 잡았던 거다. 동시에 많은 일을 하려다 제대로 해놓은 게 하나도 없었고, 부수적인 일들에 시간을 다 써버렸다. 무엇보다 체력을 기르고 영어 실력을 쌓는 것이 중요했는데, 이 두 가지를 소홀히 한 대가는 결국 여행 내내 치러야 했다.

그래도 꾸준히 한 게 있다면 3년 동안 적금을 들었던 것. 이게 우리 여행의 종자돈이 되었다. 잘한 건 또 있다. 세계일주를 준비하는 모임에 나갔는데, 여기서 도움을 많이 받았다. 그 밖에 여행 경험자들을 수소문해 직접 만나 조언을 듣기도 했다. 이런저런 여행기 또한 열심히 읽었다.

꼭 하고 싶다는
반드시 하고 말겠다는
간절함

이 모든 준비 중에서 딱 한 가지만 고르라면, '간절함'이다. 꼭 하고 싶다는, 반드시 하고 말겠다는 간절함. 그것이 없었다면 다른 것들은 무용지물이었으리라.

#4

짧지도 길지도 않은 3년이 지나갔다. 이때부터 아이와 함께 본격적인 준비를 시작했다. 겨우내 우리는 여행 루트를 짰다. 인도부터 터키까지 아시아를 횡단할까, 남아프리카공화국에서 이집트까지 아프리카를 종단할까, 아니다, 중국을 먼저 가야겠다. 루트는 수십 번 바뀌었다. 마침내 우리는 아프리카를 첫 여행지로 택했다. 남아공에서 이집트까지 가보는 걸로. 그다음엔 발길 닿는 대로 돌아다니기로 했다. 그리고 무조건 돈 떨어지면 돌아오기. 정해놓은 기간은 없었다. 오래도록 여행을 하고 싶다면 최대한 아껴야 한다. 짠돌이 여행일 수밖에 없는 이유였다.

2011년 1월, 드디어 케이프타운 행 편도 항공권을 예약했다. D-day는 4월 5일. 그동안 준비물을 사들였다. 큰 배낭, 보조 배낭, 침낭에 기능성 옷들, 트래킹화, 여러 가지 수납팩들, 그밖에 자질구레한 필수품들까지. 준비물의 기준은 일단 '무게'와 '부피'였다. 크거나 무거운 물건들은 과감하게 포기했다. 몸집 작은 내가 배낭을 감당하려면 최대 10kg 이하여야 했다. 다 싸고 보니 약 9kg, 성공이다. 반면 아들 배낭은 10kg를 가볍게 넘겨버렸다. 여행 중 실시간으로 블로그에 여행기를 올릴 생각이라 넷북은 필수요, 카메라와 렌즈, 그 부속품들도 만만치 않게 많았다.

그리고 명함도 만들었다. 모임에서 세계일주를 한 여행자를 만났는데 명함을 보여주더라. 여행 준비물로 명함을 가지고 다녔다고 했다. 여행 중 만나는 사람들에게 나눠주었단다. 자기소개도 되고 이메일 주소를 알려주기도 편리해서 아주 유용하게 썼다는 얘기였다. 그래서 우리도 만들었다. 아들과 내가 각각 자기 것을 디자인했다. 인터넷의 여러 가지 일러스트를 참고삼아 나름대로 재창작을 해보았다. 앞면은 내 것, 뒷면은 아들 것이다.

아들의 그림은 '동물과 함께하는 세상'을 상징한다. 기린과 사람과 새가 함께 가는 모습이다. 그런데 이름을 '송한새'가 아니라, '솜한새'라고 썼다. 자신의 이름과 더불어 자신의 인생을 스스로 만들어나가겠다는 의미로 몇 년 전부터 사용해오던 이름이다. 자기만의 성씨를 만들었다고 나름 자부심이 대단했다. 나는 내 블로그의 이름인 '바람여행'을 표현해보았다.

바람타고 여행하는 여자,
　　"저기 날아가는 것들은 민들레 씨앗이라오."

아프리카에 가려면 예방접종도 빼놓을 수 없었다. 장티푸스, 파상풍, 황열병, A형 간염 이렇게 네 가지나 주사를 맞았다. 다음으로는 아들의 국제 청소년증을 만들었다. 처음엔 국제학생증(ISIC)을 만들려고 했다. 국제학생증으로 박물관이나 기차, 항공권 등에서 할인혜택을 받을 수 있기 때문이다. 그런데 인가받은 일반학교 학생이 아니라서 안 만들어준단다. 그러니까 국제 청소년증은 꿩 대신 닭이었다.

　재밌는 건 영어도 못하는 내가 아프리카에 간다고 스와힐리어를 배웠다는 거다. 나름대로 친아프리칸 정책이었다고나 할까. 두 달간 한새와 함께 낯선 그 언어를 열심히도 연습했다. 하지만 막상 아프리카에서는 스

와힐리어보다 영어가 더 유용했다는 웃지 못할 사실.

　D-2. 종일 부엌을 정리하고 청소했다. 집안일은 마지막까지 주부를 가만 놔두지 않는다. 매일매일 해야 하는 일들, 할 수밖에 없는 일들, 오늘도 처리해야 할 일이 많았다. 위장은 계속 말썽이다. 그냥 '남아공에 가면 다 낫겠지, 다 잘되겠지.' 그러고 있는 중. 모든 게 다 잘될 것 같은 예감. 보이지 않는 수천 개의 손이 우리를 도울 것이라는 믿음, 그걸 붙들고 간다. 남들 생각 따라 살지 않고 내 생각대로 사는 것. 나 자신으로 사는 것. 지금 이 순간을 사는 것. 쉽지는 않으나 그리 어려운 길도 아니다. 나에게 끝없는 사랑과 신뢰를 보낸다. 아들, 너에게도.

　D-1. 우리는 의외로 차분했다. 떠나는 사람보다 남아있을 남편이 더

안절부절이었다. 사실 남편은 이제껏 혼자 살아본 적이 없었다. 여행은 그에게도 독립생활을 배우게 할 터였다. 나는 어둑해지는 방바닥에 누워 거실을 둘러보았다. 딱딱하고 차가운 감촉이 등에 닿았다. 봄이라고는 하나 아직은 추웠다. 해질녘 개와 늑대의 시간쯤, 2011년 4월 4일. 기분이 묘했다. 두 개의 커다란 배낭. 그것들은 당장이라도 자신을 데려가라는 듯 버티고 서 있었다. 여전히 준비는 덜 된 것 같았고, 그렇다고 더 이상 무엇을 챙겨야 할지도 몰랐다. 허나 마음은 곧 내일로 달려갔다.

D-day. 아들, 이제부터 우리 환상의 파트너십을 펼쳐보자꾸나!

제가 다닌 학교는 크게 두 과정이 있어요. 1학년부터 8학년까지를 담임과정이라 하는데, 쉽게 말하면 초등·중등 시기이죠. 담임선생님이 8년 동안 아이들을 책임지는 겁니다. 8학년은 한 과정을 마무리하는 단계로, 졸업연극과 문화제를 올리고 졸업여행을 합니다. 아이들 모두 각자의 연구주제를 정해 프로젝트 발표회도 하고요. 그리고 나서 마침식을 하면 일종의 졸업을 하는 셈이에요. 다시 9학년부터 12학년까지는 상급과정입니다. 말하자면 고등학교 과정인데, 엄마와 나는 이 9학년으로 올라가는 대신 세계여행을 떠나기로 마음먹은 거랍니다.

하필이면,
아프리카

아프리카라니?
아프리카라니!

"하필이면 왜 아프리카야? 다른 좋은 데도 많은데?"

친구가 물었다. 그러게. 왜 하필 아프리카일까? 그때 내가 주워섬긴 이유들은 이랬다. 아프리카는 쉽게 가볼 수 있는 곳이 아니고, 그래서 이번 기회 아니면 평생 가볼 일이 없을 테고, 아프리카만의 독특한 문화가 궁금하고, 현지인들은 진짜 순박할 거라고. 게다가 대륙 끝 남아공에서 꼭대기 이집트까지 종단을 하면 얼마나 뿌듯하겠냐고. 특히 광활한 대자연과 야생의 동물들이 우리를 감동시킬 것이라고. 한새는 동물이라면 무엇이든 귀여워 죽겠다는 아이다. 심지어 뱀까지도. 이번 기회에 동물원에 갇혀 생기 잃은 동물들 말고 진짜 야생의 동물들을 실컷 보여주고 싶었다.

하지만 실은… 이렇게 장황한 이유를 늘어놓을 필요도 없이 오랫동안 아프리카를 꿈꿔왔노라고, 내 평생 꼭 한번은 가보고 싶은 곳이었다고 말했어야 했다. 아프리카에 가는 이유라면 응당 이 정도는 되어야 하는 게 아닌가. 하지만 하고 싶은

일보다는 해야 할 일을 하는 데 익숙했던 탓일까, 여행도 이쪽부터 저쪽까지 범위가 정해져 있는 숙제처럼 '해내야' 한다고 생각했나 보다.

그렇게 나는 정작 내가 무엇을 원하는지도 모른 채
무작정 아프리카로 떠나왔다.

아프리카에 간다고 했을 때 사람들은 대단하다, 멋지다고만 했다. 친구들마저도 여행에 대해서는 문외한이라 그럴듯한 조언을 해줄 수가 없었다. 심지어 아프리카를 여행했던 경험자들도 그곳의 실상을 알려주지 않았다. 아니, 알려줄 수가 없었다. 그들은 대부분 피 끓는 청춘이고 사내들이었으니까. 어수룩한 아줌마와 소년으로 이루어진 우리와는 상황도, 입장도, 생각도 달랐으니까.

　나름대로 많은 준비를 했다고 믿었지만, 실제로는 아무것도 모른 채 우리는 무방비 상태로 아프리카 땅을 밟았다. 그래서 우리가 처음 한 일은 당연하게도, 길을 잃고 헤매는 것이었다. 사는 일이 길을 잃는 일임을 새삼 깨우치기라도 하듯이, 우리는 수없이 길을 잃고 헤매 다녔다.

마법을 기대했다.

한국을 떠나기만 하면 '여행'이라는 물감으로 무지개를 그릴 수 있을 것만 같았다. 남아공 케이프타운에 도착하기 전, 들러야 할 곳이 있었다. 경유지, 쿠알라룸푸르 공항. 경유지는 묘한 장소다. 그곳에서는 여권에 도장이 찍히지 않는다. 머물렀으나 그 흔적이 남지 않는 곳. 여행지에 도착한 것도, 집에 있는 것도 아닌 상태. 우리는 그곳에 앉아 아프리카에서 신세계가 펼쳐지길 기도했다.

우리의 신세계는 좀 엉뚱한 방식으로 펼쳐졌다. 첫날부터 길을 잃고 헤매는 것으로 말이다. 숙소에 배낭을 막 풀고 맥도날드를 찾는 중이었다. 의외로 시원한, 그리고 낯선 이 공기. 한국보다 채도며 명도가 훨씬 높은 햇빛. 케이프타운의 롱스트리트는 여행자 거리답게 밝고 활기찼다. 게다가 블록마다 경찰과 안전요원이 지키고 있었다. 여행자 거리만큼은 확실한 치안을 보장하겠다는 뜻일까? 우리는 그들이 치안은 둘째 치고 맥도날드부터 찾아주길 원했지만, 사람마다 대답이 제각각이었다. 심지어 맥도날드가 여기에 있는지조차 모르는 사람까지 있었다.

아들의 역할은 파트너 겸 통역사, 그리고 사진사. 웬만큼 영어로 의사소통이

ARKADE
Pick n Pay

Rentokil
The Experts in Pest Control
0800 RENTOKIL

가능했으므로 별로 걱정하지는 않았다. 하지만 남아공에 도착하자마자 아들은 '실전 영어회화'에 부딪혔다. 이 남아공 영어라는 게 참말로 독특했다. 아프리카 토속어에 영국식 발음이 혼합된 느낌이었다. 한마디로 알아듣기가 어려웠다. 아이조차 처음에는 당황했을 정도니, 안 그래도 영어를 못하는 나는 무슨 소린지 도통 알아들을 수가 없었다.

'우리가 이상한 거야? 사람들이 잘못 알려주는 거야?' 맥도날드를 찾느라 우리는 내내 사람들을 붙잡고 입만 쳐다보았다. 덕분에 한국인을 보는 것만큼이나 금세 이곳 사람들이 익숙해졌다.

"다리 아파 죽겠다. 우리 제발 그냥 아무데서나 먹자. 햄버거 맛이야 어디서든 다 똑같겠지!"

"안 돼, 엄마. 반드시 맥도날드를 찾고야 말겠어! 케이프타운 맥도날드는 어떤지 꼭 가보고 싶다고. 한국이랑은 분명히 다를 거란 말이야!"

저 고집! 이때부터 알아봤어야 했다. 녀석의 고집에 끌려 다니면 안 된다는 것을. 아들의 고집을 꺾지 못하면 앞으로 별의별 일들이 다 벌어지리라는 것을. 그래서 결국 우리가 케이프타운 맥도날드를 찾았을까? 아니, 못 찾았다. 여행 첫날부터 아이는 자존심에 상처를 입었다. 어릴 때부터 지도를 외우던 아이가 아니던가. 그런데 그 전력이 어째 케이프타운에서는 통 먹히지가 않았다. 대륙을 옮기면 길 찾기 능력도 달라지는 건가? '애야, 그것은 오직 국내용이었더란 말이냐?' 우리는 그 냥 길거리 햄버거 집에서 점심을 해결하고 말았다. 어쩔 수 없이 선택한 플랜 B였 다. 그 햄버거에는 달랑 시든 상추 한 장과 고기만 들어있었다. 이런 단순명료한 식사라니. 그런데 햄버거 속의 고기가 의외로 맛있다. 이건 플랜 B의 귀여운 반전?

한국에서 예약한 한인 숙소에서 첫날을 묵었다. 4월의 아프리카는 아침저녁으 로 서늘했다. 그래도 낮에는 잡아먹을 듯 햇볕이 쏟아졌다. 일단은 햇빛을 막아줄 얇은 긴팔 티셔츠가 필요했다. 짐을 줄인다고 옷을 너무 안 챙겨 왔나 보다. 숙소 주인장이 알려준 그린마켓 가는 길. 룰루랄라 중간쯤 가다 보니 뭔가 손이 허전했 다. 여행정보를 정리해놓은 소중한 자료뭉치를 식당에 두고 왔지 뭔가. 다시 헉헉 거리며 식당으로 돌아가 파일을 되찾아왔다.

그린마켓은, 그러나 우리에게 필요한 것을 구할 수 있는 그런 곳이 아니었다. 토속적인 나무기념품과 그림, 아프리카 느낌이 나는 알이 굵고 기다란 목걸이들, 가는 나무줄기로 짠 가방과 모자들…. 이를테면 관광객을 상대로 기념품을 파는 시 장이었다. 벼룩시장 분위기도 살짝 풍겼다. 아, 옷을 파는 사람이 있기는 했다. 죄 다 반팔인 데다 내가 입으면 엄마 옷 훔쳐 입은 일곱 살로 전락해버릴 것 같은 옷 들. 애써 찾아간 시장은 아무런 도움이 되지 않았다.

어? 그런데 바로 앞에 번듯한 쇼핑센터가 있네? 쇼윈도에는 '날 원하는 거 알 아'라는 건방진 태도의 그럴듯한 티셔츠들이 걸려 있었다. 다시 나타난 플랜 B. 그 유혹을 뿌리치고 싶었지만 다른 대안이 없었다. 티셔츠 한 장당 17,000원가량. 속 이 쓰렸다. 하지만 비싼 만큼 티셔츠는 마음에 쏙 들었다. 얇고 질 좋은 면이라 아 프리카 여행 내내 요긴하게 입었다.

이후에도 우리가 어딘가를 한방에 찾는 일은 매우 드물었다. 아프리카에서 아

들의 내비게이션 능력은 거의 제로에 가까웠다. 대신 실전회화 능력은 빠르게 업
그레이드되었다. 우리는 거의 날마다 헤맸고 그러다 무엇을 만나게 될지 알 수 없
었다. 그것은 늘 계획과 예상을 벗어나는 일이었다. 나는 계획대로 일이 풀려야 안
심하는 성격이다. 이 여행은 그런 내가 스스로 선택한 플랜 B였다. 정말 엉뚱한 플
랜 B들이 난무하는 땅. 아프리카는 '계획'이란 말이 가장 어울리지 않는 곳이다.

떠나오기 전에는 그런 줄 상상도 못했다. 플랜 B는 수시로 우리를 들쑤
셨다. 처음에는 어쩔 수 없이 받아들여야 했다. 그러다 나중에는 플랜 B
신봉자가 되어버렸다. 예상 밖의 길을 실패가 아니라고 생각하면 선택
할 수 있는 길은 많아진다. 그렇게 보면 세상에 실패란 없는 것 아닐까?

깨달음은
나중에야 찾아온다

"우리 여기서 그냥 내려가면 안 되겠니?"

나는 한 손으로 바위를 짚고 간신히 버티고 서서 헉헉거렸다. 시작부터 오르막이더니 한 시간을 가도 그저 가파른 바위와… 바위와… 바위뿐. 내 평생 이렇게 성격 나쁜 산은 처음일세!

아침에 시티투어 버스를 탈 때까지만 해도 기분이 상쾌했다. 테이블 마운틴Table Mountain으로 직행하는 8시 50분발 버스. 걸어서 올라가고 내려올 때만 케이블카를 타기로 했다. 케이블카 이용료가 무려 1인당 95랜드(약 15,000원)나 하기 때문이었다. 케이블카 매표소 앞에서 도로를 따라 죽 걸어가다가 이윽고 올라가는 입구를 발견했다. 주변 사람들이 모두 거기로 올라 가길래 우리도 따라갔다. 이때 숙소 주인장의 말을 기억해냈어야 했는데!

"쭉 걸어가다가 보면 오른쪽으로 올라가는 길이 나오는데 그리로는 가지 마세요. 아주 험한 계곡 바위길입니다. 그곳을 지나쳐 조금 더 가면 사람들이 많이 올라가는 길이 나와요. 그저 사람들 많은 쪽으로만 따라가세요."

그런데 나는 '사람들을 따라가라'는 대목에만 집중했다. 듣고 싶은 것만 들었

나 보다. 가지 말라는 부분에 신경 쓰는 것보다는 따라가라는 부분을 받아들이는 게 더 편했던 게다. 사람들은 대개 자기가 보고 싶은 것만 보고 듣고 싶은 것만 듣는다.

세상에 객관이란 존재하지 않는 것 같다.
객관이라 주장하는 각자의 주관이 있을 뿐.

아, 우리는 그렇게 끙끙대면서도 이 길이 그 계곡길인 줄 몰랐다. 덩치 좋은 서양 남자들도 사색이 되어 올라가고 있으니, '이 길은 원래 이런가 보다'라고만 생각했다.

하필이면, 아프리카

사실 '원래 그렇다'라는 말은 내가 참 싫어하는 말이다. 세상에 원래 그런 것은 없다. 풀 한 포기에도 우주(또는 신)의 섭리가 배어있다고 믿는다. 하다못해 강아지 똥도 민들레꽃을 피워낸다. 세상의 모든 것에는 이유가 있고 의미가 있으리라. 그 것을 알고자 하든 무시하든 상관없이. 살면서 느끼듯이 모르고 다가오는 일들이 더 많지만. 그런데 '원래 이런가 보다'라니. 혹시라도 길을 잘못 든 건 아닐까 하는 생각을 그때는 왜 못했는지.

'케이프타운에서 테이블 마운틴에 가지 않는 여행자는 없는데. 이리 힘든 산을 어찌 다들 잘도 올랐단 말이냐? 모두 전문 산악인이라도 되는 거야 뭐야?'

속으로 이렇게 구시렁대면서 땀을 닦았다. 태양은 작열하고 그늘이라고는 작은 덤불이 고작이었다. 얼마나 많은 땀을 흘렸는지 얼굴에서는 허옇게 소금이 버 슬거렸다. 그런데도 아들은 좀 더 쉬었다 가자는 엄마 말을 간단히 무시했다. 거기 다 대고 다시 내려가자는 말은 더더욱 할 수가 없었다.

오! 저 앞으로 가운데가 쏙 파여 있는 절벽 끝이 보였다. 절벽이 내게 소리쳤 다. '이제 다 왔어. 여기가 끝이야!' 저기만 넘어가면 정상인 듯싶었다. 마지막 힘을 다해 올라갔다. 드디어 끝. 아래를 내려다보니 까마득했다. 어떻게 여기까지 올라 왔을까? 도무지 믿기지가 않았다. 우리가 지나온 길이 지그재그로 내려다보였다.

하필이면, 아프리카

이때서야 번쩍 하는 깨달음! '이럴 수가! 이 길은 제대로 된 길이 아니었어! 우리는 그리도 가지 말라던 험한 길로 온 거야.' 이로써 남아공에서 모자의 전공은 '헤매기' 과목으로 굳어졌다. 깨달음이란 놈은 왜 온갖 걸 다 겪고 나서야 오는 걸까? 그것은 마치 파티의 주인공처럼 화려하게 차려입고 우아한 걸음걸이로 맨 나중에 등장한다. 누구든 '모진 경험'이라는 대가를 지불해야만 그 얼굴을 볼 수 있다.

우리의 여행은 이렇게 시작되었다. 요란하게 신고식을 치렀으니, 다음부터는 좀 노련해졌을까? 그럴 리가. 새로운 곳에 도착할 때마다 그 분량의 몫은 반드시 새로 생겨났다. 과연 이 여정을 끝까지 마칠 수 있을까? 아프리카에서 어떻게 적응해 나가야 할지 막막했다. 나무와 푸른 숲이, 그리고 우리와 같은 여행자들도 보고 싶었다. 도대체 다른 사람들은 전부 다 어디에 숨어있는 거야?

물개와 펭귄을 보러 가는 미니버스는 아침 일찍 숙소 앞으로 왔다. 이미 다른 관광객들이 반 이상을 채우고 있었다. 버스는 케이프타운 시내 숙소마다 들러 신청자들을 태웠다. 뉴질랜드 아가씨와 남자친구 커플부터 중국인 청년, 키 크고 덩치 큰 캐나다 여인, 작고 날씬한 스위스 아가씨, 케이프타운에 산다는 반백의 중년남자까지. 대부분 젊은이들이었다. 한새가 가장 어렸고 나는 두 번째쯤으로 나이가 많았다.

가이드이자 운전기사인 알렉시는 일행을 서로 소개시켰다. 알렉시가 명단을 보고 이름을 부르면 자신이 어느 나라에서 왔는지 고백을 하는 식이었다. 우리는 이날 하루 종일 같이 다니며 물개와 펭귄을 보고 희망봉까지 다녀올 동료였다.

물개섬으로 가려면 일단 바다로 나가야 했다. 알렉시는 우리를 작은 항구 호우트에 내려놓았다. 여기서 물개 섬과 항구를 왔다 갔다 하는 배를 탔다. 물개들이 살고 있는 바위섬은 그리 멀지 않았다. 근처에 다다르자 냄새부터 진동을 했다. 동물에게서 이렇게 지독한 냄새가 나다니. 푸세식 화장실에서 3년 묵은 암모니아와 각종 혼합물이 섞이면 이런 냄새가 날까? 나는 숨을 참으며 코를 막았다. 아들은 '이쯤이야!' 하는 얼굴로 여유롭게 한마디 던졌다.

"동물원의 여우 냄새에 비하면 향기로운 편인데?"

한새는 지난해 6개월 동안 서울대공원 동물원에 거의 매일 출퇴근을 했더랬다. 아들이 다닌 학교는 8학년이 되면 '프로젝트 발표회'를 한다. 아이마다 자신이 원하는 주제를 하나씩 잡아서 6개월 동안 나름대로 연구를 하고, 그 과정과 결과를 학부모와 교사들과 학생들이 보는 앞에서 공개하는 것이다.

한새는 프로젝트 주제를 '동물원 사진 찍기'로 정했다. 4학년 때부터 카메라를 잡기 시작해 근 5년간 찍어왔으니 사진을 선택한 것은 자연스러웠다. 눈이 오나 비가 오나 동물원에 가서 사진을 찍었다. 물 밖으로 얼굴만 동그랗게 내민 새끼 물범, 공작의 우아한 깃털 속에 들어 있는 파랗고 푸른 눈들, 창살 안에 갇힌 여우의 슬픈 얼굴, 걸어가는 연인의 뒷모습, 눈 쌓인 도로, 해질녘 호수에 비치는 리프트 그림자…. 아이는 동물이라면 사족을 못 쓰지만 그중에서도 가장 좋아하는 동물이 여우다. 그런데 이 여우들이 어여쁜 생김새와는 달리 냄새가 엄청나더란다.

물개들은 말 그대로 '바위섬'에 살고 있었다. 바다 한가운데 둥글고 평탄한 암반들이 제법 널찍했다. 그 위에 물개들이 바글바글했다. 인생 뭐 있냐는 듯 하늘을 보

고 누워 있거나 요염하게 모로 누워 햇볕을 쬐는 녀석들, 수영장 오리발처럼 V자로 벌어진 발만 남기고 바닷물 속에 제 몸을 풍덩 던지는 녀석들, 어미와 똑같은 포즈로 한쪽 발을 턱 밑에 대고 앉아 있는 새끼 한 마리, 에그 귀여워라! 파닥파닥 어디론가 열심히 기어가는 부지런한 녀석들까지.

다음은 보울더스 비치Boulders Beach, 펭귄이 사는 해변으로 갔다. 아프리카에 펭귄이라니. 남극에만 있는 줄 알았던 펭귄이 남아공에도 살고 있었다. 아프리카 하면 일 년 내내 더운 줄 알지만, 이곳에도 겨울이 있다. 우리가 갔던 4, 5월이 겨울에 해당하는 계절이다. 낮엔 더워도 밤엔 싸늘하니 우리나라 가을 날씨와 비슷

했다.

해변 모래밭에 나무 데크를 따라 산책로가 나 있는데 펭귄은 그곳에서만 관찰할 수 있었다. 추운 계절이라 그런지 펭귄들은 덤불 아래 웅크리고 숨어 있었다. 아니면 모래밭 구덩이 안에 들어앉아 있거나. 뒤뚱뒤뚱 활기차게 줄지어 다니는 모습을 상상했는데 생각보다 얌전했다. 그래도 가끔은 팔을 뒤로 젖히고 다다다 바닷물로 뛰어드는 녀석들도 보였다. 의기양양하게 "펭귄으로 태어나 좀 춥다고 수영을 마다하면 되겠어?" 하고 큰소리를 치는 것 같았다.

다큐멘터리 방송에서 본 펭귄들은 털이 아주 매끈했는데 이들의 털은 짧고도

거칠거칠했다. 매끈한 놈들은 남극 펭귄이었든가? 혹시나 하고 내가 휘파람을 불자, 지나가던 펭귄이 휙 뒤돌아보았다. 오오, 우리 동네 청계산에서 쇠박새 부르던 휘파람이 펭귄한테도 통할 줄이야.

"아싸, 엄마 잘하셨어요! 계속 불어요."

한새는 그 틈에 열심히 셔터를 눌러댔다. 엄마는 펭귄을 유혹하고 아들은 잽싸게 사진을 찍는다. 이거 환상의 복식조 아닌가?

마지막 장소인 희망봉에 도착했다. 희망봉은 두 군데였다. 케이프 포인트^{Cape Point}와 케이프 오브 굿 호프^{Cape of good Hope}. 이 두 곳이 연결되어 있었다. 먼저 아프리카 최남단 케이프 포인트. 계단을 따라 올라가면 절벽 끝에 닿았다. 주위에 돌담을 쌓아놓았지만 미칠 듯이 바람이 불어 정신을 차릴 수가 없었다. 짙은 안개 속에 이정표 기둥이 보였다. 사방으로 팔을 뻗은 이정표에는 런던, 뉴욕, 파리 등의 대

도시 이름이 적혀 있었다. '흠… 서울은 없군.'

알렉시는 차를 케이프 오브 굿 호프에 세워둘 테니 천천히 걸어오라고 했다. 여기서 40분 정도 걸리는 긴 산책로였다. 오, 이 길이 희망봉 투어의 알짜배기 코스였다. 절벽 길은 따박따박 편안하게 밟히는 나무 데크로 만들어놓았다. 지그재그로 끝없이 이어진 길이 멀리까지 한눈에 보였다. 아래로는 푸른 대서양이 넘실거렸다. 겹겹이 짙어지는 바닷물은 새하얗다 못해 파르래진 파도를 모래밭으로 밀어넣었다. 파도가 들이받는 절벽 옆구리에는 수만 개의 돌판이 켜켜이 쌓여 세월을 새겨 넣고 있었다. 부안 채석강의 거대한 확장판 같았다.

드디어 케이프 오브 굿 호프. 나는 케이프 포인트보다 이곳이 더 마음에 들었다. 우울한 안개도 없고 푸른 바다 위에 거친 바람과 가파른 절벽만이 빛나고 있었다. 네 몸 속에 스며든 한 치의 어둠도 허락하지 않겠노라며 온통 나를 헤집는 바람.

하필이면, 아프리카

나는 '거친 그것'이 좋았다. 그것의 열정과 에너지를 내 안에 폭풍처럼 들이치게 하고 싶었다. 그 격정에 온 몸을 맡기고 싶었다.

두 희망봉을 잇는 아름다운 길 끝에서 나는 '거칠고도 열렬한 행복'을 희망했다.

한새 says '인간은 자연의 일부로서 식물과 평등하고 동물의 한 종으로서 동물과 평등하다. 그러므로 모든 생명은 평등하다.' 이게 제 삶의 밑바탕, 근본이 되는 생각이자 사진철학이에요. 모든 생명은 평등한데도 인간은 지금 동식물에게, 나아가 우리 모두에게 '반지구적'인 행동을 하고 있어요. 아주 사소한 것으로 여겨지는 행동들, 예를 들면 개미 밟기, 과자봉지 버리기부터 시작해서 사대강 사업, 밀렵, 아마존 벌목 같은 도저히 납득할 수 없는 끔찍한 짓들을 저지르고 있지요. 나무 한 그루, 개미 한 마리를 사람 한 명 한 명처럼 여겨 소중하게 대해야만 우리 모두가 공존할 수 있어요.

저는 우리 모두가 함께 살아가기 위해, 지금 이 순간에도 억울하게 죽어가는 동물들과 무참히 짓밟히는 식물들을 위해 사진을 찍어요. 사진을 통해 사람들에게 '지금 당신이 무심히 사는 이 순간, 소중한 우리 가족들이 죽어가고 있다'는 사실을 알리고, 경고하고, 생각하게 하고, 그리고 행동하도록 만들고 싶어요.

이런
평화

Swaziland, Mlilwane Wildlife Sanctuary

진짜로 유행가 가사처럼 '저 푸른 초원 위에 그림같이' 들어앉은 집 안에 우리가 있었다. 침대가 족히 스무 개는 되어 보이는 넓디넓은 도미토리. 그 방을 단 둘이서 차지했다. 호텔의 스위트룸 만큼이나 넓은 이 방에서 햇볕이 사르

르 드는 가장 좋은 침대를 골라 누웠다. 창밖으로 물컹한 열매가 툭툭 떨어지는 정원이 내다보였다. 멧돼지 두 마리가 킁킁거리며 나무 아래 떨어진 열매에 코를 박았다. 열매는 익다 못해 물러 터져 있었다. 멧돼지는 정원이 제 집이라도 되는 양자연스러웠다.

더 이상 참을 수가 없었다. 배낭은 던져두고 무작정 밖으로 나갔다. 숙소 주변은 온통 가느다란 풀로 덮인 초원. 작은 언덕들에는 조그만 숲이 듬성듬성 박혀 있었다. '미니 세렝게티'라고나 할까? 밖으로 나온 지 5분도 되지 않아 동물들을 찾았다. 하긴 숙소 정원에도 수시로 나타나는 녀석들이니. 뿔 달린 놈(블레스복Blesbok),

하필이면, 아프리카

사슴처럼 생긴 녀석(커크스딕딕   ), 얼룩말과 시커먼 들소가 풀을 뜯었다.

어릴 적 '동물의 왕국'에서 보던 것과 똑같은 풍경이었다. 동물 수와 초원의 규모가 훨씬 작을 뿐. 야생동물 보호구역이라고는 하지만 이렇게 쉽게 동물들을 볼 수 있을지는 몰랐다. 아, 여긴 숨겨진 보물섬이었다! 20~30마리의 동물들이 서로 섞여 놀았다. 같은 종끼리만 모여있을 줄 알았는데, 예상을 깨는 신선함이었다. 얼룩말 사이에 블레스복과 들소가 사이좋은 이웃이었다. 끼리끼리 무리 짓기를 좋아하는 인간들보다 현명해 보였다. 몇 마리쯤은 가끔 우리 쪽을 빤히 쳐다보곤 했다. 아마도 경계를 서고 있는 듯했다.

동물들은 우리를 흘낏 쳐다보았다. 사진을 찍으면서 몇 발자국 조심스럽게 다가가니 도망치지는 않았다. 해는 뉘엿거리고 얼룩말 새끼는 어미젖을 빨았다. 오직 한 단어밖에는 아무 말도 떠오르지 않았다. '평화.'

"너무 좋아! 딱 이런 걸 원했다고. 여기 오길 정말 잘했어. 우리 오래오래 머물다 가요, 엄마. 아, 진짜 평화롭다!"

아프리카를 오려고 주워섬긴 이유 중에 야생동물을 직접 볼 수 있다는 게 가장 컸다. 남들이 잘 가지 않는 스와질란드에 기어이 온 것도 이곳, 음릴와네 야생동물 보호구역   때문이었다. 여기는 걸어다니며 마음껏 동물들을 볼 수 있는 파라다이스였다.

사파리를 하자면 탄자니아의 세렝게티 초원, 케냐의 마사이마라 국립공원이 대세다. 음릴와네는 그런 대초원들과는 비교도 안 되게 규모가 작다. 그리고 이곳에는 육식동물이 없으니 당연히 빅 파이브(사자, 코끼리, 코뿔소, 표범, 물소)도 없다. 그 대신 내 발로 멋대로 돌아다니며 코앞에서 동물들을 만날 수 있다. 심지어 뱀도 없는 안전지역이다. 우리에겐 대초원보다 이게 더 매력적이었다. 이 모든 걸 누리는 데 드는 비용은 보호구역 입장료 몇 푼과 숙박비가 전부다.

나는 산얼룩말Cape Mountain Zebra이 제일 예뻤다. 가까이서 보니 무늬가 예술이다. 굵고 검은 줄 사이에 가느다란 선이 또 한번 흘러내렸다. 단순하면서도 아름다웠다. 동물원의 얼룩말이 모형 인형처럼 생기가 없는 반면, 이들에게는 펄펄 뛰는 생명력이 넘쳐흘렀다. 좀 더 가까이에서 보고 싶었지만 달아날까봐 감히 다가가지는 못했다.

겨우 5시 반인데 벌써 해가 넘어가고 있었다. 남아프리카에서는 해가 빨리 떨어졌다. 아쉽지만 숙소로 돌아가야 했다. 돌아가는 좁은 황토길에도 커크스딕딕 한 마리가 버티고 서 있었다. 녀석은 우리가 아주 가까이 다가가는데도 전혀 신경 쓰지 않았는데, 알고보니 다 이유가 있었다. 마침 급한 용무 중이었던 거다. 엉거주춤 뒷다리를 벌리고 오줌을 싸 재꼈다. 그다음엔 서슴없이 둥글고 질퍽한 것도 쑴풍쑴풍 떨어뜨렸다. '시원하시겠습니다!' 저만치 앞에서는 멧돼지가 식사 중이었다. 고작 1시간 반 동안이었는데도 나 좀 봐달라는 듯 수시로 동물들이 나타났다.

그렇게 아쉬운 발걸음으로 숙소에 돌아왔는데, 한새가 심상치 않았다. 어젯밤부터 감기 기운이 있던 터였다. 이렇게 멀쩡하다가도 어느 순간 과부하가 걸리는 건 늘 이 녀석이다. 아직은 넘치는 에너지를 어떻게 조절해야 할지 모르는 철부지 소년. 약한 위장과 부실한 체력으로 비실대는 건 이 엄마인데 도무지 아플 틈을 안 준다. 챙겨온 감기약과 비타민 C를 먹인 후 침낭 속에 넣고 그 위에 이불을 덮어 재웠다.

하필이면, 아프리카

다행히 아이는 그렇게 고치처럼 한숨 잘 자고 나더니 곧 괜찮아졌다.

스와질란드의 평온한 기운 덕분에 나도 잠을 잘 잤다. 보호구역 안의 숙소에서는 매일 8시간 동안 푹 잤다. 그동안 맛보지 못한 단잠이었다. 넓은 도미토리에는 우리 둘 밖에 없었다. 밤이면 우리는 고요함에 흠뻑 젖었다. 불을 끄면 사방이 깜깜해서 잠들기 딱 좋았다. 그것은 오랜만에 경험해보는 진한 어둠이었다. 인간의 불빛이 방해하지 않는 자연의 어둠.

이곳에서 어둠은 편안히 자기 몸을 드러냈다. 눈을 떠도 감아도 어둠이 보였다. 별과 별 사이의 아득한 공간에 누워 있는 것 같았다.

여행을 떠나기 전날 기도했다. '보이지 않는 천 개의 손으로 우리를 보호해주소서.' 나는 어둠에 감싸여 우주의 기운을 느꼈다. 방 안에서 천 개의 손이 천 겹의 어둠으로 우리를 쓰다듬는 것 같았다. 어둠으로 인해 나는 평화로웠다. 집에서는 느낄 수 없었던 깊디깊은 평화였다. 밤이 길기를, 그 속에 더 오래도록 잠겨있기를 나는 바랐다.

어미 대
어미

Swaziland, Mlilwane Wildlife Sanctuary

본격적인 동물탐사에 나서는 날. 우리도 얼리버드가 되기로 했다. 흔들어 깨워야 겨우 일어나던 한새도 칼같이 6시 반에 기상. 7시쯤 정원 탁자에 앉아 프렌치토스트와 커피를 마셨다. 날은 흐리고 비가 한두 방울 떨어졌다. 촉촉한 공기, 약간의 쌀쌀함. 이슬비에 흐릿하게 젖어 있는 초원과 숲은 아직 잠에서 덜 깬 것처럼 보였다. 그 몽환적인 풍경을 배경으로 아침을 먹고 있노라니, 우리는 이미 '아웃 오브 아프리카'의 한 장면에 들어와 있었다. 로버트 레드포드는 없지만 충분히 가슴이 떨렸다.

우리는 메인캠프에 들러 히포 풀Hippo Pool에 다녀올 생각이었다. 숙소 가까이에 메인캠프가 있었다. 그곳에 가서 약간의 절차를 밟아야 탐사를 시작할 수 있었다.

메인캠프로 가는 길. 낯선 발자국 소리를 듣고 원숭이들이 나무 위로 후다닥 도망을 쳤다.

"줄무늬 사슴 같은 저것, 엄청 귀엽다. 줄무늬가 하얀 색이야."

한새는 그 아이들을 가장 좋아했다. 나중에 알아보니 닝야라Nyala라고 불리는 동물이었다. 생긴 건 사슴과 비슷했는데 하얀 줄무늬가 돋보였다. 나무 아래로는

닝야라와 새끼 두 마리를 거느린 어미 멧돼지가 모여 있었다. '이놈들 보게? 가까이 가도 도망칠 생각을 않네?' 한새는 신이 나서 연신 사진을 찍어댔다. 2m 앞까지 다가가 카메라를 들이대도 녀석들은 그저 풀을 뜯기에만 바빴다. 그렇게 한참 사진을 찍고 있던 중 갑자기 어미 멧돼지가 콧김을 푸륵 푸륵거렸다. 뭔가 심상치가 않았다.

"거참, 내 참아볼라 했는데, 해도 해도 너무한 거 아니우?"
"미안해요, 우리가 너무 오래 있었죠?"
"내가 이 동네에서 한 미모 하는 건 알지만, 사진을 찍어도 좀 작작 찍어야지. 당신들은 매너도 없수?"
"미안해요. 이제 그만 찍을게요."

"그리고 내 새끼들 안 보여요? 당신들 혹시 내 새끼들을 어찌하려고 알짱댔던 거아니야?"

"오, 그럴 리가요? 애들이 너무 이쁘고 반가워서 그랬어요. 이제 그만 지나갈 테니 화 풀어요."

"안 돼! 당신은 이미 나한테 찍혔어! 이 길은 지금부터 출입금지니 그리들 마셔!"

세 살 적에 한새를 한번 잃어버린 적이 있었다. 동네 놀이터에 갔다가 코앞 슈퍼에 잠깐 다녀온 사이였다. 설마 아이가 없어지리라고는 생각지 못했다. 골목골목을 다 뒤지고 동사무소에 아이 찾는 방송을 부탁했다. 그러면서도 진심으로 걱정이 되지는 않았다. 어떤 예감 같은 게 있었다. 금방 찾을 거라는 것. 이딴 일로 아이를 잃어버리지는 않은 거라는 확신. 역시나 아이는 울면서 제 발로 돌아왔다. 지금도 한새는 그 일을 뚜렷이 기억하고 있다.

'미모의 어미 돼지 씨. 걱정 말아요.
당신 새끼들도 내 새끼처럼 무사히 자랄 테니까요.
건강하게 무탈하게 잘 자랄 거라는 믿음. 그걸 잃지 마세요.'

어미는 새끼 둘을 거느린 채 우리를 노려보고 섰다. 한 치도 비켜서지 않겠다는 굳은 의지가 느껴졌다. 저러다 갑자기 달려들어 콱 물어버리지는 않을까 겁이 났다. 할 수 없이 되돌아서 다른 길을 찾았다. 어미 대 어미의 대결(이라기엔 일방적인 패배였지만)에서 나는 맥없이 두 손을 들었다. 저 어미의 당당함과 절실함이 이 어미에겐 없었으니 당연한 결과였다. 저 어미의 새끼는 어렸지만 이 어미의 새끼는 거의 다 크지 않았던가. 그 어미가 더 절박했음을 나는 충분히 이해했다.

저쪽 외딴 길로 돌아가는데 이번에는 얼룩말 대여섯 마리가 또 길을 가로막고 서 있었다. 새끼 두어 마리를 포함한 가족이었다. '가까이 가면 지들이 도망가겠지?' 하지만 그건 내 희망이었고 이놈들도 꼼짝을 안 했다. 도대체 여기 동물들은 사람을 무서워하질 않는다니까! 한참을 기다려도 심상한 눈망울로 우리를 빤히 쳐다보고만 있을 뿐. 짐작했겠지만 이번 대결에서도 승자는 그들이었다.

"우리 이러지 말고 쟤네들 발 옆에다 돌멩이 하나만 살짝 던지자. 그러면 쟤들이 도망갈 거 아냐?"

"엄마, 어떻게 그런 짓을! 말도 안 돼. 여긴 동물보호구역이야."

"아니, 그냥 길 좀 비키게 하려는 거잖아. 신호 보내는 셈치고 살짝 던지면 저쪽으로 갈 것 같은데?"

"안 된다니까! 그냥 다른 길로 가자구."

어이구, 깐깐한 녀석. 또 우리가 길옆 수풀로 비켜가야 했다. 수풀을 가로지르다 보니 웅덩이에 발이 푹 빠졌다. 헉헉대며 다시 길로 빠져나왔다. 얼룩말들은 우리가 헤매는 꼴을 죽 지켜보더니, 구경 한번 잘했다는 듯 제 갈 길로 가기 시작했다.

멧돼지에 이어 얼룩말한테도 쫓겨나다니! 겁순이, 겁돌이 모자는 그렇게 참 어

렵게도 돌고 돌아 메인캠프에 도착했다. 직원은 히포 풀에는 하마와 악어가 살고 있다며 꼭 길로만 다니고 절대 물속으로는 들어가지 말라고 주의를 주었다. 그 외에는 안전하단다. 에이~! 우리가 악어가 살고 있다는 물속에 들어갈 리가! 우리를 그렇게 용감하게(아니 무모하게) 봤단 말씀? 들이민대도 걸음아, 나 살려라 도망갈 판이었다. 우리는 역시나 길을 거꾸로(!) 돌아 히포 풀을 보고 무사히 메인캠프로 돌아왔다.

　이 땅의 임자는 엄연히 동물들이었다. 잠시 머물던 과객은 아름다운 주인들에게 홀딱 빠지고 말았다. 살면서 지금껏 이곳만큼 마음이 편안했던 곳도 없었다. 드디어 아프리카에서 안식처를 발견한 느낌이었다.

젖가슴의
용도

Swaziland, Mlilwane Wildlife Sanctuary

숙소에서 힘든 게 딱 하나 있다면 바로 '먹는 일'이었다. 이곳에서 손님을 대하는 방식은 이랬다. '아침, 점심은 내 알 바 아니니 알아서 해결하시오. 정 배가 고프다 면 저녁밥만 팔겠소. 하지만 맛에 대해서는 기대하지 마시오.'

생 옥수수가루를 찐 것 같은 부슬부슬한 가루에다 정체를 알 수 없는 스튜. 거 기에 뭔지 모를 소시지 비슷한 것. 그것들이 온기 없이 식은 채로 한 접시에 담겨 나왔다. 터무니없는 가격은 그렇다 치고 도저히 목구멍으로 넘기기가 힘들었다. '뭐 이런 성의 없고도 요상야릇한 맛이 다 있더냐?' 음식에 대해서는 까다롭지 않 은 나였지만 이 음식만큼은 거의 다 남기고 말았다. 아들은 맛은 없지만 그럭저럭 먹을 만하다는 촌평과 함께 꿋꿋이 접시를 비웠다. 하지만 솔직히 모욕에 가까운 음식이었다. 둘째 날부터 우리는 직접 음식을 해먹기로 했다.

우리 같은 이들이 종종 있었는지 숙소에서는 시장까지 셔틀버스를 운행했다. 오후에 셔틀버스가 돌 때 같이 타고 나가 장을 보면 되었다. 이 작은 시장 노점의 주인은 대부분 여인네들이었다. 그 옛날 우리 엄마를 포함해서 시장의 여인네들에 게는 특유의 공통점이 있다. 일단 목소리가 크고 당당하다. 억지를 부리는 진상 손

님을 가볍게 제압할 만큼 입담도 걸다. 키가 크건 작건 탄탄하고 살집 좋은 체격을 가졌다. 그녀들은 온 몸으로 말한다.

"나, 장사로 새끼들 멕여 살리는 녀자야! 만만히 보지 않는 게 좋을 걸!"

어릴 적 부모님은 충주 시내 공설시장에서 건어물 가게를 하셨다. 나는 툭하면 가게로 달려갔었다. 엄마는 성가시다며 집에 가서 놀라고 하셨지만 나는 말을 듣지 않았다. 그리고 여기, 시장 좌판을 차지한 여인네들 옆에도 껌처럼 달라붙은 아이들이 있었다. 젖먹이부터 열 살은 넘어 보이는 소년들까지. 때때로 아이들은 자리를 비운 엄마 대신 능숙하게 채소를 팔기도 했다. 혹은 엄마가 돈을 받는 사이 너무 얇아서 곧 찢어질 것 같은 비닐봉지에 양파들을 담아주곤 했다. 물론 흥정은 필수였다. 어찌 된 일인지 스와질란드 시골구석이 남아공 더반보다 물가가 더 비쌌으니까. 여인들은 물건을 건넨 뒤 너덜거리는 지폐와 동전을 거슬러 주었다.

장사꾼이라면 응당 지퍼가 여러 개 달린 돈주머니를 허리춤에 차고 있어야 했다. 그런데 이곳에서는 전혀 엉뚱한 데서 돈이 나왔다. 품속에 감춰둔 자루에서. 그건 말 그대로 네모나고 기다란 직사각형의 자루였다. 그녀들은 아무렇지도 않게 젖가슴으로 손을 쑥 집어넣더니, 그것의 역사가 오래되었음을 증명하듯 누런 때가 골고루 밴 주머니를 빼냈다. 그 안에는 그날 벌어들인 돈이 들어 있었다.

이미 다 컸다고 자부하던 소년도 이 예상치 못한 광경에는 꽤 놀라는 눈치였다. 하지만 얼른 표정관리를 했다. 그러고는 곧 어디서나 금방 적응하는 기질을 발휘해 이 모습을 재미있어했다. 실은 그들의 태도가 하도 자연스러워서 보는 사람의 어색함을 금방 사라지게 만들었다. 돈주머니는 가슴 사이에 차고 있기에는 너무 묵직해 보였다. 하지만 새끼들을 먹이고 키울 만큼의 돈만 들어온다면야 무슨 상관이랴. 소중하고 소중한 돈주머니를 허리에 찰 수는 없는 노릇이었다. 올망졸

하필이면, 아프리카

망 딸린 젖먹이들을 먹여 살린 젖가슴은 그런 식으로 계속해서 제 역할을 해낼 것이었다.

그런데 아프리카에서 젖가슴의 용도는 모유 수유와 돈주머니 보관 장소뿐만이 아니었다. 아마 세계에서 가장 다양하게 가슴을 활용하는 여인들이 바로 이들이지 않을까. 그들은 휴대폰을 주머니나 가방에 넣어놓지 않았다(아프리카 시골구석이라고 해서 휴대폰이 없으리란 생각은 마시라. 케냐 마사이족도 퇴근할 때는 전통복장 벗어던지고 휴대폰으로 수다 떠는 세상이다). 그러기엔 돈주머니만큼이나 휴대폰이 소중했다. 두 손으로 꼭 쥐고 다니거나 그마저도 완전히 믿을 수 없다는 듯 가장 안전한 장소에 넣어둔 것이다. 바로 그녀들의 젖가슴 속에. 전화벨이 울리면 젖가슴을 뒤져 전화기를 꺼냈고, 통화가 끝나면 다시 제자리에 넣었다. 이 부분에서는 우리도 폭소를 금치 못했다. 물론 면전에서 웃는 건 실례이므로 멀찍이 뒤돌아서서 몰래 웃었지만.

아, 어미의 젖가슴!
실로 다양한 쓰임새가 아닐 수 없도다.

한새 says 　　솔직히 상상도 못하고 있다가 가슴에서 커다란 돈주머니가 쑥 나왔을 때는 당황했어요. 부끄럽기보다는 돈이며, 휴대전화며, 온갖 귀중품이 그 속에서 계속 나오는 게 어찌나 신기하던지…. 하긴 그만큼 안전한 장소도 없겠지요? 그런데 그것도 한두 번 보고나니, 나중에는 하나도 이상하지 않더라고요.

파트너 혹은
보호자

Republic of South Africa, Johannesburg

이건 완전 경보 걸음이다. 허벅지 근육이 팽팽하게 땅겼다. 나는 막 경보를 시작한 풋내기 후보선수 같았다. 앞뒤로 배낭은 맸지, 도무지 허리를 펼 수가 없어 자세는 구부정하지. 그래도 죽어라 걸었다. 할 수만 있다면 뛰고 싶었지만 그것만은 불가능했다. 이럴 때 다리라도 길었으면 얼마나 좋아, 내 다리는 어찌 이리도 짧고 굵기만 한 것이더냐. 까딱하면 짐바브웨 Zimbabwe 행 버스를 놓치게 생겼다.

출발시간은 밤 8시. 헐레벌떡 달려가 보니 남는 자리는 딱 하나. 낭패였다. 아무런 대책도 없이 한밤에 요하네스버그 Johannesburg 에 남겨지는 건 최악의 사태였다. 직원은 최대한 표를 구해볼 테니 기다리라고 했다. 8시가 다 되었다. 결국 우리가 탈 자리는 없었다.

화요일이었는데 무려 주말까지 짐바브웨 행 버스표는 모두 예약이 끝났다. 부활절 휴가 때문이었다. '아니 도대체 부활절이 뭐라고 이 난리들인 게야?'(알고 보니 아프리카에서 부활절은 서양에서의 크리스마스만큼이나 대단한 명절이었다.)

이제 선택은 둘 중에 하나였다. 밖에 나가 숙소를 찾아보든가, 여기 역 안에서 노숙을 하든가. 요하네스버그는 위험하기로 악명이 높았다. 세계 3대 범죄도시 중

하나가 아니던가. 그래서 스와질란드로 갈 때도 이 곳을 피하려고 했지만 어쩔 수 없이 오게 되었다. 이 도시를 떠나려고만 하면 소환마법이 발동되는 이것을, 운명이라 해야 하나?

오갈 때 보니 거리 곳곳에 무덤처럼 쓰레기가 쌓여있었다. 밤이 되니 길에 지나다니는 사람은커녕 개미 새끼 한 마리도 안 보였다. 악명은 괜한 것이 아니었다. 이건 뭐 고담 시티가 따로 없었다. 한새, 밖으로 나가기는 죽어도 싫단다. 배트맨이라도 나타나 준다면 모를까, 나라고 겁이 안 나는 건 아니었다. 그래도 택시를 타고 호텔로 가는 것이 더 안전할 듯싶었다. 아들은 할리우드 영화라도 찍게 될까봐 무서웠던 모양이다. 택시를 잡기도 전에 칼(혹은 총) 든 강도들에게 붙잡혀 몽땅

털리는 시나리오 말이다. 한새는 끝까지 '결사반대'를 외쳤다. 기어이 가시려거든 이 아들을 즈려밟고 가시옵소서~

저 놈의 똥고집은 누굴 닮은 것이야!(물론 지 애비를 닮았겠지!) 한겨울이 되면 현관문 앞에서 아들과 나의 실랑이가 시작된다. '더 따뜻하게 입어라' 대 '괜찮아'의 공방. 외출할 때 아이는 늘 얇은 파카를 입었다. 칼바람 부는 영하의 날씨에 굳이 그런 옷을 입는 심사는 뭘까. 그러고서도 본인이 멀쩡하다면야 무슨 상관이겠는가. 돌아와서는 추워서 벌벌 떨었다고 콧물을 훌쩍이면서도 꼭 그 짓을 반복했다. 한두 번 겪어보면 알아서 챙겨 입을 것 같은데도 아이는 미련한 고집을 부리곤 했다. 아프리카에 와서도 그 버릇은 계속이다.

　　결국 아이 고집에 밀려 노숙을 하기로 했다. 아무래도 불안해서 순찰하는 경찰에게 밤을 새도 안전한지 물어보았다. 그는 나가지 말고 역 안에만 있으면 괜찮다고 했다. 허나 요하네스버그에선 경찰도 믿을 만한 사람이 못 된다는 걸 금방 알게 되었다.

우리는 빈 의자에 앉아 어서 이 밤이 가기만을 기다렸다. 두어 시간이 지나자 어찌나 추운지 침낭을 꺼내 뒤집어썼다. 그렇게 졸고 있는데, 경찰 둘이 다가왔다.

　　"당신들, 여기서 자면 안 돼요. 막차가 떠나면 곧 역 안의 사람들이 다 가버릴 겁니다. 역 안에 아무도 없을 거예요. 그럼 위험해요."

　　그러고 보니 눈에 띄게 사람들이 줄었다. 청소부는 의자를 밀어내고 청소를 하고 있었다. 공항처럼 밤새 승객들로 북적거릴 줄 알았는데 갑자기 적막강산으로 변하는 이 분위기는 뭐지?

"여기서 이러지 말고 내 차에 가서 자지 그래요?"

이건 통역을 해주지 않아도 알아들었다. 뭔 소리인 겨? 차 안에서 자라는 게 무슨 뜻인지 어리둥절했다. 아들이 물었다.

"경찰차 안에서 자라는 말인가요?"

"아니요. 내 개인차예요. 날 따라와요. 거긴 안전합니다."

"그냥 역 앞의 호텔로 가는 게 낫지 않겠어요?"

"아닙니다. 내 차가 안전해요. 아주 가까우니 따라 오세요."

우리는 엉거주춤 따라 나섰다.

"그런데 재워주면 얼마를 줄 건가요?"

그는 돈을 요구하고 있었다! 요하네스버그 경찰은 경찰 업무와 더불어 임시 호텔 영업까지 겸하는 게 틀림없었다. 완벽한 투잡이라! 이 작자, 곤경에 빠진 순진한 여행자들에게 몇 번이나 자동차 호텔을 임대해줬을까? 이런 사람을 믿어도 될까? 이게 도움의 손길인지, 악마의 유혹인지 헷갈렸다. 일단은 따라가 보았다. 어차피 역 안에 있을 수도 없었으니까. 그의 차는 역 입구에 딱 붙어 있는 경찰서와 병원의 공동 주차장에 서 있었다. 그의 말은 사실이었다. 아주 가까웠으며 역 밖으로 나가는 것도 아니었다.

"얼마 줄 거예요?" 그는 재차 물었다.

"얼마를 원하는데요?"

"150랜드(약 24,000원)."

"너무 비싸요. 100랜드(약 16,000원)로 하죠."

"오케이! 100랜드."

하다하다 이젠 경찰과 흥정이라니. 비싼 건지 싼 건지도 알 수 없었다. 그는 차를 주차장 구석에 옮겨 놓고 운전석과 보조석을 180도 뒤로 재꼈다. 큰 배낭을 뒤 트렁크에 넣어주는 품이 노련했다. 그 순간 그는 경찰이 아닌 숙련된 호텔리어였다.

호텔리어는 내일 아침 7시쯤 오기로 하고 굿나잇을 외치며 돌아갔다. 차 문을 잠그고 침낭을 덮고 누웠다. 뜻밖에도 그런대로 아늑했다. 경찰서 주차장이니 안 전은 확실하겠지?(반드시 그래야 해!) 얼떨결에 고른 공 안에 행운의 당첨번호가 들 어있는지 꽝이 들어있는지 종잡을 수 없는 심정이었다.

"우리가 남아공에서 별짓을 다 하는구나!"

헤매는 건 기본이고 이제는 남의 차에서 노숙까지. 한새는 곧 잠이 들었다. 정 말 아무데서나 잘 자는 녀석이로고. 스와질란드에서 9시면 자 버릇해서인지 나도 졸음이 왔다. 하지만 편안히 잠들기에는 아직 뭔가 불안했다. 그 경찰을 온전히 믿어도 되는 건지, 이러다 또 무슨 일이 생기는 건 아닌지. 우리가 차 안에 있는지 도 모르고 그 앞을 왔다 갔다 하는 수상한 십대들도 신경이 쓰였다.

두 시간쯤 지났나? 이제는 지나다니는 똥개 한 마리 없었고 그제서야 겨우 안 심이 되었다. 대신 잠이 다 달아나버렸다. 흘러내리는 아들 침낭을 가끔씩 덮어주 며 밤을 지새웠다. 차 유리창에는 우리가 내쉬는 호흡으로 허옇게 김이 서렸다. 험 난한 우리의 여정처럼 뿌연 시야.

'아까 8시에 버스 못 탔을 때, 곧바로 역에서 가장 가까운 호텔로 가야 했어. 너 무 위험한 짓을 한 거야. 다행히 아무 일이 없으니 망정이지. 다른 데도 아니고 요 하네스버그에서 이게 무슨 짓이란 말인가!'

어릴 때부터 아이의 의견을 존중해왔다. 언제든 자신의 의사표현을 분명히 하라고 일렀다. 하지만 아이는 자신이 받은 만큼 똑같이 상대방도 존중해주어야 한다는

하필이면, 아프리카

건 아직 덜 배운 것 같다. 그것이 특히 가장 가까운 가족일수록 더 필요한 덕목임을 내가 충분히 가르치지 못했나 보다. 엄마는 늘 받아주고 들어주어야 하는 사람이고 자신은 그러지 않아도 된다고 생각하는 것 같았다. 자신에 대한 존중은 칼같이 받으려 하되 엄마에 대한 존중은 그렇지 못했다. 때로는 군말 없이 엄마의 판단에 따라야 할 순간이 있다는 걸 아들은 아직 몰랐다.

이 여행에서 아들의 역할은 통역사이자 사진사 그리고 파트너다. 하지만 아직은 미성년 아이다. 그동안 너무 아들 고집에 끌려 다녔다. 파트너의 역할을 지나치게 확대 해석했을까. 그래봐야 겨우 열여섯 소년이 아닌가? 엄연히 보호자는 엄마인 것을. 16년 엄마로서의 내공은 어디다 팽개쳤을까. 그 놈의 영어, 영어가 사단이다. 반벙어리로 지내다 보니 의사소통뿐 아니라 여행의 주도권이 아들에게 넘어가 있었다. 아니 사실은 영어가 아니라 내 태도가 문제였다. 만날 헤매, 영어는 안돼, 먹을 것도 마땅찮아… 그러면서 나도 모르게 위축되고. 이건 아니지.

결혼한 이후로 순전히 나만을 위해서 뭔가를 해본 적이 얼마나 있었던가. 이제야말로 진정으로 해보고 싶었던 일을 하는데 무얼 그리 겁내는 거야?

나는 이미 여기에 와 있고 그것이면 충분해. 내 안에는 분명히 힘이 있어. 이제 그걸 꺼내기만 하면 되는 거야.

이렇게 생각하니, 그 경찰 호텔리어를 대놓고 비난할 수가 없다. 이제는 정신 차릴 때가 되지 않았느냐고 내 어깨를 툭 쳐주는 사람이었기 때문이다.

1등석 기차가 제공하는
최고의 서비스는
따로 있다

Zimbabwe, Bulawayo

"1등석 비행기는 못 타도, 1등석 기차는 한번 타 보자."

짐바브웨 블라와요Bulawayo에서 빅폴즈Vic Falls까지 꼬박 하룻밤을 달리는 열차. 저녁 7시 반에 출발인데 사람들은 6시부터 올라타기 시작했다. 이미 해는 떨어져 어두웠고 플랫폼은 군데군데 불이 꺼져 있었다. 이 어둠 속에서도 사람들은 잘도 자기 자리를 찾아갔다. 기차표를 손에 들고 멍청하게 컴컴한 열차 안을 들여다보고 있을 때, 누군가 말을 걸었다.

"제가 도와드릴까요?"

생글생글 웃는 청년이었다. 어쩐지 믿음직한 그를 뒤쫓아 1등석 우리 칸을 찾아냈다. 기차 안은 아예 깜깜한 동굴이었다. 세상에, 불이 전혀 들어오지 않았다. '설마 이 상태로 달리는 건 아니겠지?' 하지만 확신할 수는 없었다. 자리를 찾아 들어가니 작은 방 안에 위 아래로 침대가 붙어 있었다. 좁디좁은 침대 옆 빈 공간에 큰 배낭 2개, 작은 배낭 2개를 쑤셔 넣었다. 그래도 밤새 누워 잘 수 있다는 게 마냥 행복했다. 문을 잠글 수 있어 불안에 떨지 않아도 되었다.

현재까지 노숙 3일째. 그저께는 요하네스버그 역에서 경찰의 개인차에서 두어 시간 잤다. 어제는 요하네스버그에서 블라와요까지 밤새 달리는 버스에서 한 시간 정도 잤다. 이 버스는 일명 2×3 좌석으로 2×2 버스보다 3분의 1쯤 승객이 더 많았다. 게다가 새벽 2시에 국경을 통과해 수속을 밟느라 잠자는 건 꿈도 꿀 수 없었다. 더 힘들었던 건 14시간 내내 버스 안에 틀어놓은 음악이었다. 단 5분도 쉬지 않고 밤새도록 들어야 하는, 상당히 짐바브웨스럽다고밖에 할 수 없는 흥겨운(솔직히 말하자면 끔찍하게 시끄러운) 노래. 아직도 머릿속이 울리는 것 같다.

그래도 이건 '1등석 기차'란 말씀! 흠흠. 열차가 출발하니 그제야 불이 들어왔다. 단, 우리 방만 빼고. 역무원이 와서 보더니 고장이 났단다. 그는 진심으로 미안하다고 말했지만 그의 표정을 통해 고친다든가 하는 것은 꿈도 꾸지 못하리라는 것을 알 수 있었다. '이미 아시겠지만 우리 사전에 수리라는 단어는 없습니다.' 그는

눈빛으로 이 말을 전하고 사라졌다. 우리도 '네, 포기할게요.' 하고 순종하는 눈빛을 날렸다. 왜 우리가 길을 나서기만 하면 꼭 이런 문제가 생기는 거지? 하필이면 전등이 고장 난 방이 우리 방일 게 뭐람?

그런데 이 방의 주인은 따로 있었다. 그들은 자신의 보금자리를 침범한 적들에게 무차별 공격을 감행했다. 따끔따끔. 우리는 '모기의 역습'이라는 영화를 찍었다. 우리도 당할 수만은 없어서 손전등을 켜들고 반격에 나섰다. 그 틈을 타 바퀴벌레도 타다닥 기어갔다. 일단 잽싸게 운동화를 벗어들고 때려잡았다. 바퀴벌레 따위는 문제도 아니었다. 밤새도록 저 모기를 어쩔 거냐고! 특히 한새가 잘 이층침대 천정은 모기 부대로 완전 새카맸다. 내내 불평 한번 않던 아들도 도저히 참을 수가 없었나 보다. 버럭 화를 냈다.

"차라리 버스가 낫지, 이게 뭐야? 아무리 1등석이라고 해도 기대 안 한다고 했

잖아!"

　"저 모기들, 엄마가 다 잡아줘!"(이 말은 분명 여섯 살짜리가 아니라 열여섯 살짜리가
한 말이다.)

　의외로 해결책은 아주 간단했다. "열차가 달릴 때 창문을 열어놓으면 모기가
알아서 나갑니다." 그동안의 전투가 무색하게도 시트를 깔러 온 역무원이 웃으며

알려주었다. 우리의 반격은 쓸데없는 짓이었다. 말하자면 아프리카는 이런 식이다. 불편하고 난감하다. 그런데 또 방법을 찾아보면 그럭저럭 견딜 만하다. 마냥 좋지도, 그렇다고 죽을 만큼 나쁘지도 않은. 그게 아프리카다.

모기 문제가 해결되니 이제 코딱지만큼은 1등석다워졌다. 비록 화장실에서는 암모니아 냄새가 진동을 하고 물은 아예 나오지도 않지만(세수하기는 또 글렀다), 복도 창문 몇 개와 열차 문 두어 개는 닫히지도 않지만(사진 찍기는 좋았다). 일찌감치 9시에 잠자리에 들었다. 한새는 어떤 악조건에서도 잘 잤다. 잠자리에 예민한 나는 지난 이틀 동안 총 3시간 정도 밖에 못 잤다. 아무리 나라도 이제는 좀 자야 할 때가 된 것이다. 중간에 한 번 깨고는 8시간을 내리 잤다. 이제야 좀비에서 사람으로 되돌아오는 것 같았다. 창밖을 바라보았다.

창 너머 저쪽 하늘이 짙고 옅은 진홍빛으로 천천히 물들어갔다. 아래로부터 점점 선명한 빨강으로, 마치 용암처럼 뜨겁고 붉은 빛이 퍼졌다. 구름이 그 빛을 한껏 받아들여 같이 타올랐다. 1등석 기차가 제공하는 최고의 서비스는 따로 있었다. 누워서 보는 아침노을! 아, 내가 이걸 보려고 짐바브웨에 왔구나.

아프리카는 가끔 '멋진 선물'도 준다. 지금처럼.
앞으로 받게 될 '선물'은 또 어떤 모습일까?

우리는 점점 아프리카로 깊숙이 들어가고 있었다.

말라위,
일단은 천사

Malawi, Lilonwe

어찌 말라위를 잊을 수 있을까.
말라위는 앞모습은 천사, 뒷모습은 외계인이었다.

일단 국경에 도착하자마자 운이 좋았다. 신은 우리에게 세련된 신사 챈슬러를 보내주셨다. 처음에 그는 근처 마을까지만 태워다주려고 했다. 우리가 일본인인 줄 알았다가 한국인이라는 걸 알고 나서는 태도가 싹 바뀌었다. 더더욱 친절하게! 몇 년 전 6개월 동안 서울에서 살았단다. 그는 무역업을 하는 사업가였다. 단숨에 마음을 바꿔 수도 릴롱궤까지, 우리가 가려던 숙소 문 앞까지 모셔다주었다. '아, 당신을 말라위 최고의 친절남으로 임명합니다!' 살짝 실수가 있었다면 그곳이 우리가 찾던 숙소가 아니었다는 것 정도. 이름이 비슷하긴 했다. 그리고 너무 비쌌다.

여기는 릴롱궤 타운. 우리는 숙소를 찾으려고 두리번거리고 있었다. 웬 동양 청년 두 명이 다가와 말을 걸었다. 설마 한국사람일라구? 이 구석진 말라위에서?

"저기, 혹시 한국사람이세요?"

이럴 수가, 익숙한 언어였다. 아프리카에서 한국인을 우연히 만나기는 건빵에서 별사탕 발견하기보다 100배쯤은 확률이 낮다. 이들이 두 번째다(첫 번째는 잠비아에서 코이카 활동을 마치고 돌아가는 아가씨들을 만난 것). 조금 뒤에 두 명의 앳된 아가씨가 또 달려왔다. 모두 릴롱궤에서 같이 봉사활동을 하는 팀이었다.

그날 저녁 네 명의 친구들은 우리 숙소를 알아봐주느라 분주했다. 그들은 이리저리 의논하더니 '코리아 가든 롯지'에 데려다주었다. 한국인 가족이 운영하는 고급 숙소 겸 레스토랑. 사장님을 찾으니 머리가 허연 할아버지가 나오셨다.

"한국사람이 왔다고? 싼 방 하나 내줄게. 묵고 싶을 때까지 묵고 가요."

이렇게 한방에 숙소가 해결되었다. 그것도 공짜로. 사장님은 무뚝뚝한 인상이어서 황송하기만 했다.

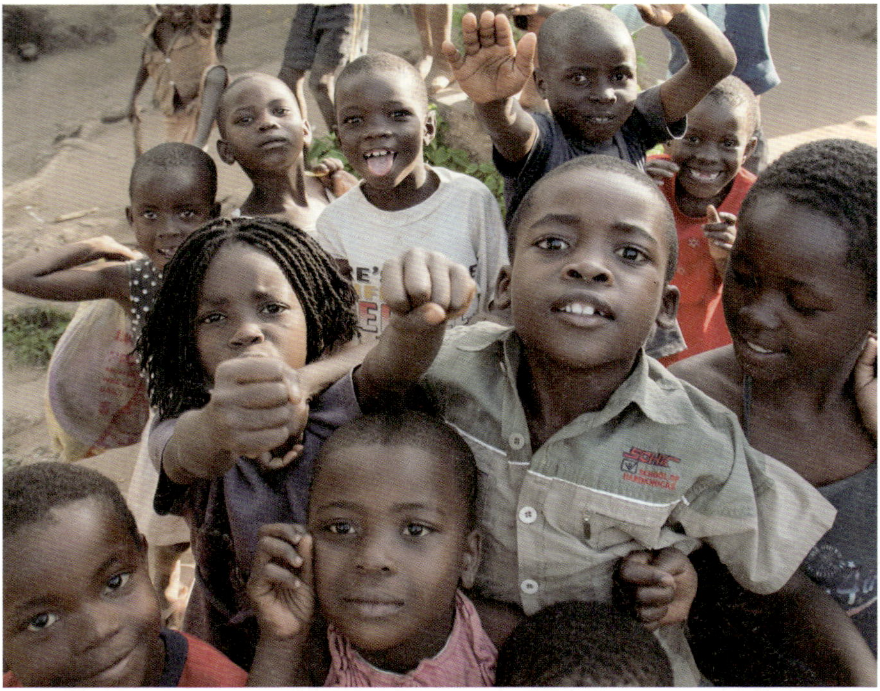

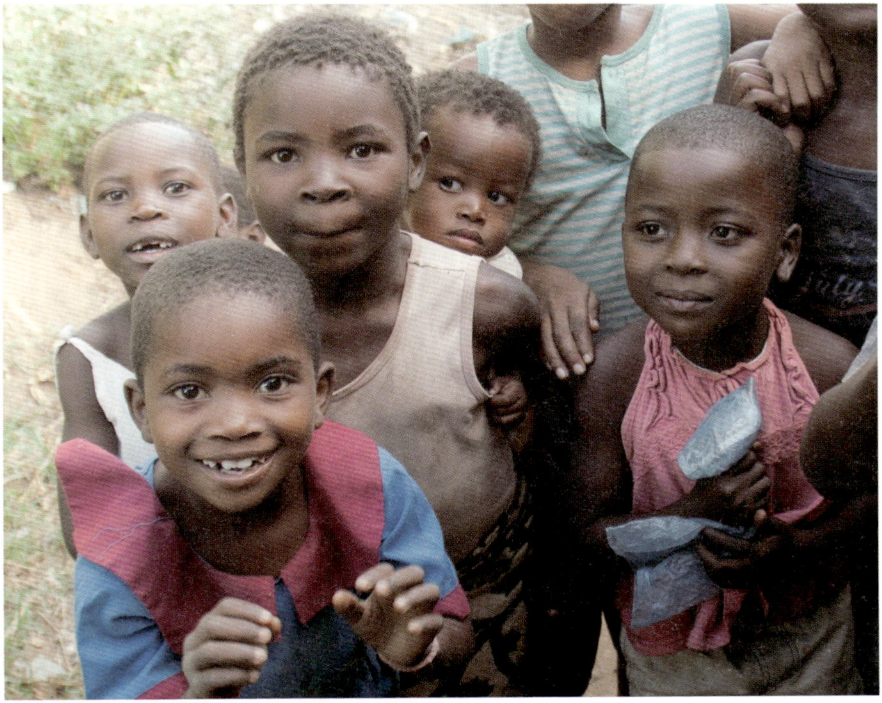

우리는 리얼 아프리카가 궁금했다.
자기 마을에서 일상을 살아가는 평범
한 사람들 말이다. 청년들은 한 마을
에 눌러 살면서 봉사활동을 한다고 했
다. 잘됐다! 그 동네를 가보면 되겠네.
마을의 중심은 단연 학교였다. 청년과
함께 학교에 들어서니 여기저기서 아
이들이 몰려들었다. 초등부터 고등까지 함께 공부하는 학교다. 코흘리개 꼬마부터
삐딱한 표정의 청소년들까지 동네 아이들은 죄다 모여 있었다. 꼬마들보다 머리
하나가 더 커 보이는 아이들은 운동장에서 축구에 열중했다.

꼬마들은 "차이니즈, 차이니즈!"를 외치며 그저 신이 났다. 카메라를 보더니 서
로 찍어달라며 난리가 났다. 찍어서 화면을 보여주면 와! 탄성이 울리고 까르르 웃
음이 터졌다. '얘네들은 중국 무술영화를 많이 보는 게 틀림없어.' 사내 녀석들은
하나같이 쿵푸 흉내를 냈다. 사진을 찍으려고 하면 예의 고정포즈가 나왔다. 장풍
을 날리듯 양다리는 잔뜩 벌린 채 두 손바닥을 쫙 펴고 내밀기. 혹은 한 발은 앞에
또 한 발은 뒤에 놓고 두 주먹을 불끈 쥐고 내지르기. 제법 노련하게 이리 오라는
손짓을 하며 방방거리기.

사내 녀석들은 기가 살아서 쫓아다니고 여자 아이들은 소극적이다. 제법 사춘
기 티가 나는 여자애들도 감히 꼬마 녀석들 앞으로 나오지를 못했다. 여자아이들
을 찍어주고 싶어서 불러도 어느새 사내 녀석들이 앞을 가로막았다. 아프리카에서
는 어른들뿐 아니라 꼬마들까지 사내들이 극성이다.

이튿날 코리아 가든의 사모님과 따님, 아드님 두 분과 손주들까지, 온 식구들

을 만났다. 특히 사장님은 우리가 잘 있나 수시로 들여다보셨다. 아침으로 뷔페가 제공되니 마음껏 먹으라고 직접 일러주셨다. 감동의 최고봉은 한국식 밥상을 받을 때였다. 손수 기른 배추며 깻잎으로 담근 김치와 반찬들로 한 상 딱 부러지게 차려 내왔다. 채소 반찬은 물론, 고기도 육해공군이 다 모였다. 고봉밥에 소고기 미역 국! 보기만 해도 그동안의 고생이 싹 가시는 것 같았다. 사장님과 우리는 두어 시 간을 이야기하면서 배터지게 밥을 먹었다. 한국음식으로 즐기는 프랑스식 만찬 같 았다.

사장님은 30여 년 전 말라위에 들어와 전기설비 일을 했다. 그러다 한국 레스 토랑을 내었다. 레스토랑이 자리를 잡자 숙소도 시작을 했다. 처음에 방이 다섯 개 밖에 없을 때도 한국사람이 찾아오면 무조건 무료로 방을 내주었다. 그 전통을 지 금 이 순간 우리에게까지도 고스란히 지키고 계신 것이다.

그 분은 황송하게도 한새에게까지 정중하게 존대말을 쓰셨다. 말 놓으시라 아 무리 말려도 소용없었다. 아무리 어려도 내 집을 찾아온 손님에게 그럴 수는 없다 는 말씀. 사장님은 식사가 다 끝났지만 허기진 우리가 숟가락을 놓을 때까지 그 자 리를 떠나지 않으셨다. 반찬이 조금이라도 비면 직원을 시켜 얼른 채워주셨다. 이 야기를 계속 하시면서도 눈길은 세심했다. 척박한 말라위에서 일가를 이룬 사람답 게, 인간에 대한 예의가 몸에 배어 있었다. 표정은 무뚝뚝하지만 넉넉한 진심이 그 대로 느껴졌다.

"내가 본 사람들 중에 진짜 품위가 넘치는 사람이 코리아가든 할아버지야. 정 말 존경스러워. 저렇게 멋있게 나이든 할아버지는 처음 봐. 아마 평생 잊지 못할 거야."

한새는 저도 남자지만 한국 남자들에게는 평가가 인색했다. 애들이나 어른이

나 나이와 서열부터 따지고 드는 습성을 싫어했다. 된장녀니 뭐니 하는 마녀사냥
식 몰이도 어이없고 잘나가는 여자들을 폄하하는 것도 찌질하단다. 그러나 이 할
아버지께는 감탄과 존경을 마다하지 않았다. 게다가 한국식 친절은 그게 다가 아
니었다. 큰 따님은 우리를 집에 데려가 직접 된장국을 끓여 먹였다. 후식으로 귀하
디귀한 봉다리 커피믹스까지.

　　우리가 릴롱궤를 떠나는 날, 그녀는 우리 손에 도시락을 들려 버스터미널까지
직접 태워다주었다. 도시락은 무려 김밥과 김치! 코리아 가든에서 머문 3일은 아프
리카에서 가장 호사를 누린 날들이었다. 말라위에서 이 분들을 못 만났다면 얼마
나 삭막했을까. 이 천사들의 손을 벗어나는 순간부터 말라위는 안드로메다로 돌변
해버렸다.

안드로메다에는
외계인이 산다

Malawi, Salima

'말라위 사람들은 착하다.' 말라위 천사들(코리아 가든 식구들, 봉사자 청년들, 챈슬러)이 한 말이다. 오, 그 말을 어찌 의심할 수 있었겠나. 나는 그 말을 철석같이 믿었다. 불과 며칠 만에 그 믿음은 산산이 깨져버렸지만.

놀러 갔던 마을에서 릴롱궤 타운으로 돌아가는 미니버스 안. 청년은 그 마을에 살고 있으니 우리만 버스를 탔다. 차비는 원래 1인당 50콰차. 마침 잔돈이 없었다. 약간 불안했지만 200콰차짜리 지폐를 건넸다. 능글맞은 차장 왈 1인당 100콰차란다. 물정 모르는 외국인에게 바가지 씌우기. 그런데 이 일을 어쩌나? 우린 이미 물정을 알고 있다고.

"우리 아까 50콰차 주고 마을에 갔어. 차비 다 아니까 거스름돈 돌려줘."

"차비가 올랐어. 100콰차가 맞아."

"거짓말하지 마. 좀 전에도 50콰차 냈다니까."

당차게 맞받아쳤지만 속으론 꽤나 당황했다. 그동안 여러 나라를 거쳐 왔지만 미니버스 값을 부풀리는 경우는 처음이었다. 버스에는 젊은 아낙 한 명이 같이 타고 있었다. 그녀는 그러지 말라고 차장을 말렸다. 하지만 지원군은 곧 내렸고 손님은 우리 둘만 남았다. 차장은 더욱 본색을 드러냈다.

"Give me the money~ money~"

그놈은 내 말을 노래 부르듯 흉내 내며 빈정거렸다. 그냥 차비만 바가지 씌웠으면 속아줄 수도 있었는데, 사람을 장난감 가지고 놀 듯 했다. 우리가 하는 어떤 말도 통하지가 않았다. 그놈 하는 짓에 점점 화가 나서 나중에는 한국말로 소리쳤다.

"이 나쁜 놈아! 너 빨리 거스름돈 내놔!"

"나프 노마! 파리!"

그놈은 한국말마저 흉내 내며 건들거렸다. 버스가 타운에 도착했지만 우리는 내리지 않았다. 돈보다도 저 비열한 양아치 짓에 순순히 당해줄 수는 없었다. 나는 거스름돈을 내놓으라고 계속 소리를 질렀다. 타운 종점에는 사람들이 많았다. 모두들 소리치는 동양인을 쳐다보았다. 사람들의 시선이 쏠리자 더 이상 버틸 수 없었나 보다. 놈은 결국 100콰차를 내놓았다. 그러면서 낄낄대는 말.

"헤이, 장난이었어."

이때만 해도 그저 잠깐 운이 나빴을 뿐이라고 생각했다. 하지만 이것은 시작에 불과했다. 말라위는 이미 안드로메다로 변하기 시작했다. 코리아 가든 식구들과 헤어져 살리마라는 마을로 가는 버스에서 일은 또 벌어졌다. 살리마는 천사들이 하나같이 추천한 휴양지였다. 말라위에는 바다 같은 호수가 있다. 이름은 말라위 호수. 살리마는 수도에서 가장 가까운 호숫가였다. 말하자면 태국의 파타야 같은 곳. 가깝지만 오염된 해변.

그것도 모르고 부푼 기대를 안고 버스를 탔다. 그런데 웬걸? 이 버스 차장도 차비를 부풀린다. '아! 말라위에서는 모든 버스들이 일단 바가지를 씌우는구나.' 이번에도 딱 차비만큼만 주었다. 의외로 순순히 받아갔다. 일단 불려보고 안 되면 말고, 이런 게 말라위 스타일?

큰 버스이긴 했지만 짐칸도 없는 낡은 버스. 이런 버스가 굴러간다는 것 자체가 신기했다. 바구니, 무슨 보따리, 나무상자, 식용유통, 내용을 알 수 없는 꼭꼭 싼 짐들, 거기에 꼬꼬거리는 닭들까지. 버스 앞뒤, 좌석 위아래로 잔뜩 구겨 넣었다. 더 심한 건 통로까지 발 디딜 틈 없이 사람들을 꽉 채워 태우는 것. 그렇게 잔뜩 배를 불린 버스가 출발하기까지는 두 시간이 걸렸다. 사람이건 짐이건 닭이건 모두 평등한 버스였다. 어차피 똑같은 짐짝 신세.

남아공, 스와질란드, 짐바브웨, 잠비아에서는 입석 버스가 없었다. 그리고 거의 제시간에 출발을 했다. 하지만 말라위는 완전 사정이 달랐다. 사람들이 그리도 조심하라던 '무서운 동부 아프리카'의 시작이었다. 너무 무리하게 많이 태운 탓일까? 버스는 가다가 산중턱에서 멈춰버렸다! 달리다가 고장 나는 버스도 아프리카에서 처음이다.

버스가 고장 난 것보다 더 황당한 건 바로 사람들의 태도였다. 운전기사도 차장도 어디가 고장이 났는지, 어떻게 할 건지 승객들에게 당연히, 알려주지 않았다. 승객들 역시 당연히, 물어보지 않았다. 앞으로의 상황이 어떻게 될지 아는 사람도 당연히, 아무도 없었다. 껄렁대는 차장은 실실 웃고만 있었다. 남자 승객들은 아예 차에서 내려 풀숲에 들어가 낮잠을 청했다. 와우! 성격도 좋지. 급한 건 우리뿐이었다. 해지기 전에 도착해야 숙소를 구할 수 있었다. 낯선 마을에 밤중에 도착하는 건 여행지에서 가장 하고 싶지 않은 일 다섯 손가락 안에 드는 일이다. 한새를 시켜 사람들에게 다시 사정을 물어보았다. 물론 아무도 사정을 알지 못했다. 여자들은 영어를 못하는지 말을 걸면 무섭게 인상을 쓰며 외면했다. 우리의 불쾌지수는 가

파르게 수직상승했다.

하염없이 기다리는 동안 우리 버스 옆으로 미니버스 한 대가 지나갔다. 그 안에는 캔 맥주를 손에 든 청년들이 가득했다. 뭘 하는 사람들일까. 대낮에 달리는 버스에서 맥주 파티라니. 옷차림도 세련됐다. 말라위에서 캔 맥주를 즐기는 젊은 이들이라면 평범한 서민은 아닐 터. 그들은 문득 두 명의 동양인을 발견했다. 그러더니 갑자기 모두들 자리에서 일어나 손가락 욕을 날리고, 욕설을 퍼부어댔다. 고래고래 소리를 지르며 이쪽으로 캔 깡통과 쓰레기를 집어 던졌다. 열린 버스 창문을 통해 쓰레기가 날아들었다. 이건 광. 란.이었다!

거기다 우리 버스 안의 사람들은! 그런 그들을 웃으면서 보고만 있는 게 아닌가! 승객 중 어떤 이는 그들이 던진 콘돔을 주워들고 키득거리고 있었다. 횡포를 부리는 자들에게 맞서기는커녕 오히려 그걸 재밌어했다. 그들도 이들도 전부 미쳤어! 저들은 욕설을 내뱉고 이들은 웃는다는 게 달랐지만 우리에게는 똑같았다. 그들은 모두 한통속이었다!

대체 왜? 우리를 중국인으로 착각했다는 것밖에는 이유가 없었다. 여행을 떠나기 전부터 들은 얘기가 있다. 아프리카 사람들은 중국인을 미워한다, 차이니즈란 말은 욕이나 다름없다, 그러니 차이니즈라 부르면 반드시 아니라고 부정해야 한다. 아프리카에 중국인들이 들어와 대부분의 산업을 점령하다시피 했다고 한다. 그들에게 중국인은 식민지를 지배하는 제 2의 백인을 의미하는 듯했다.

'동양인은 모두 중국인 = 그러니까 나쁜 놈들 = 공격하자!' 이런 단순한 공식이 눈앞에서 그대로 펼쳐지고 있었다. 그들에게 변명을 할 수도, 해명을 할 수도, 이해를 시킬 수도 없었다. 그냥 당하는 수밖에 도리가 없었다. 가슴이 싸늘하게 식고 있었다. 아들의 얼굴도 돌덩이처럼 굳어졌다. 그리고 정면만 쳐다본 채 닫은 입을 더욱 굳게 닫았다. 이방인에 대한 증오, 거부감. 거기에 무지와 오해까지. 아이가 생전 처음 당해보는 충격이리라. 집에서나 학교에서 인격적인 대접만 받다가 처음으로 이해할 수 없는 안드로메다에 뚝 떨어진 것이었다. 온실 안에만 있다가 비바람 몰아치는 황야에 내던져진 기분이었을 게다. 아직 열여섯인데 세상의 어두운 면을 너무 일찍 보게 해버린 것 같았다.

내가 왜 이런 여행을 하고 있는 거지? 나는 이 여행이 마냥 즐거울 줄만 알았다. 이런 데를 왜 왔을까? 설마 이게 아프리카의 진짜 모습이야? 이건 도대체 무얼 가르쳐주기 위한 설정인 게야? 여행이 이런 식으로 다가오는 까닭이 있겠지. 그게 뭘까? 이 의문은 여행을 마칠 때까지 나를 따라다녔다.

그리고 이 안드로메다에서 어찌 지내야 할지 감이 안 잡혔다. 부당함을 항의하며 싸우기? 아니면 사람들을 외면하고 숙소에 콕 처박히기? 아니면 하루라도 빨리 말라위를 떠나기? 우리는 다음 날 7시간 동안 버스를 타고 진짜 말라위 호수로 갔다. 바다같이 넓은 호숫가의 한적한 숙소에 자리를 잡았다. 우린 거기에서 그 세 가지를 다 해보았다. 할 수 있는 건 다 해보기, 예전부터 이건 내 특기다.

아들을
인터뷰하다

Malawi, Nkhata Bay

예쁘고 차분한 알렉스, 그녀가 숙소 '버터플라이'의 주인이었다. 손님도 주인 닮은 사람들만 찾아오는지, 여행자들은 모두 조용하고 예의 바르다. 버터플라이의 여행자들은 같이 여행을 떠나온 한 팀인 것처럼 웃고 지냈다. 여행 루트가 서로 반대인 사람들끼리는 남아있는 현지 돈을 주기도 했다. 또 미처 부치지 못한 엽서를 부탁하기도 했다. 알고 있는 정보를 교환하고 서로를 도왔다. '가족 같은 분위기'라는 표현이 정확히 들어맞는 곳이다. 그동안 여러 숙소를 거쳤지만 '버터플라이'는 정말 특별했다. 안드로메다 말라위에서 둥지처럼 따뜻하고 안전한 곳이었다.

우리는 타운에 나가봐야 언짢은 일만 생기니 웬만하면 숙소에만 박혀 지냈다. 그러다 보니 심심하기도 해서 종일 모자가 수다를 떠는 게 일과였다. 어느 날, 수다를 약간 업그레이드해 서로를 인터뷰했다. 한 사람이 리포터가 되어 질문을 하고 상대방은 대답을 하는 놀이였다. 휴대폰 동영상으로 서로를 녹화했다.

아들 먼저. 말라위 사람들에게 엄청난 충격을 받은 까닭에 상당히 까칠한 인터뷰가 진행됐다.

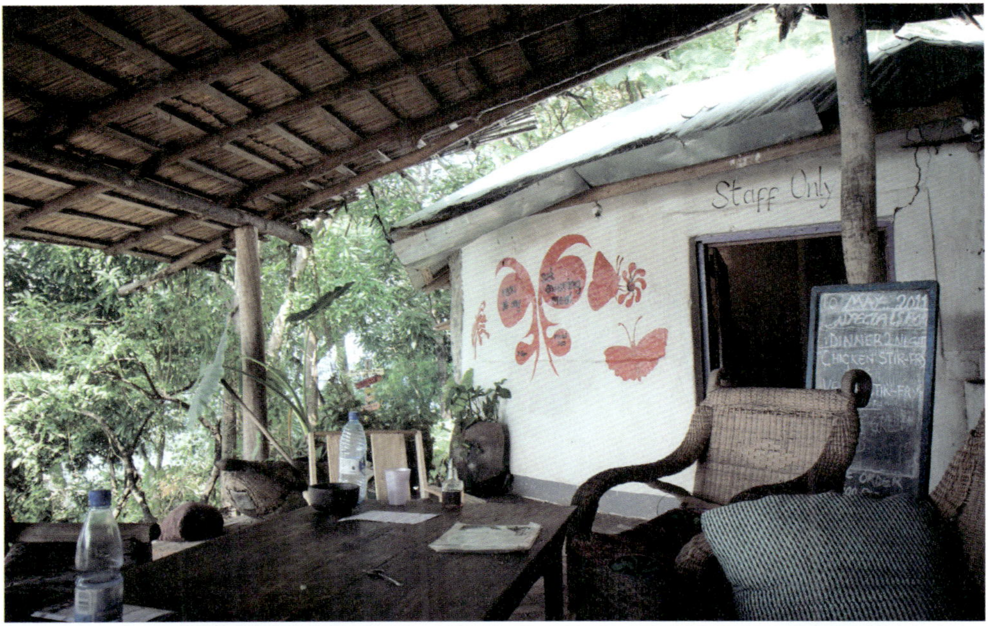
Staff Only
10 MAY 2011

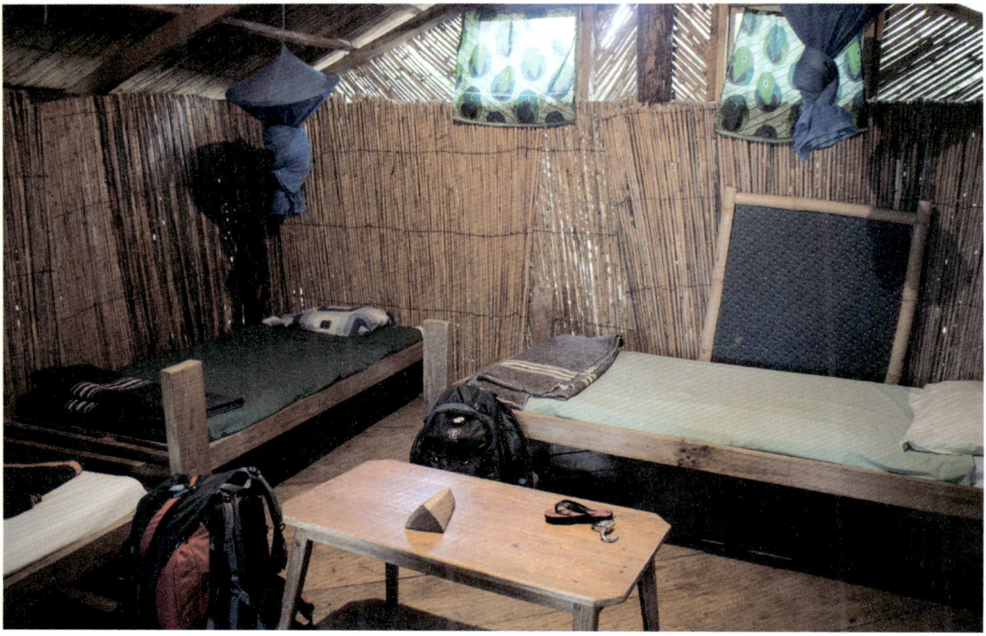

하필이면, 아프리카

소율 됐어, 시작! 자, 송한새 군. 지금까지 5주 동안 엄마랑 같이 여행을 했는데, 지금 기분은 어떤가요?

한새 어, 솔직히 기대했던 것에는 굉장히 못 미치는 여행인데, 그렇게 나쁘지도 않아요. 그냥 여행이 그래요. 그냥 보통이에요. 한국에서 공부하는 것에 비하면야 좋긴 한데. 그래도 아주 썩 여행이 즐겁다고 할 수는 없는 것 같아요.

소율 어떤 점이 가장 좋고 어떤 점이 가장 안 좋아요?

한새 그래도 이렇게 지구 반대편 아프리카에 왔다는 게, 그냥 그 자체가 가장 좋고요. 그렇게 지구 반대편 아프리카에 왔는데 별 게 없다는 게 가장 안 좋은 점인 거 같아요.

소율 별 게 없다는 건 구체적으로 어떤 거죠?

한새 뭐, 아프리카만의 무슨 독특한 문화도 없고 사람들이 아주 친절한 것도 아니고 또 그것들을 다 무마시켜줄 만한 거대한 자연이 있는 것도 아니고. 아, 스와질란드는 좋았지만요. 딱히 뭐랄까나, 기억에 남는 그런 것들이 없고 그냥 계속 여행이 쭉~ 직선인 거 같아요.

소율 왜? 고생을 많이 했잖아요?

한새 고생을 많이 한 거는 제가 금방 다 잊어버려요. 좋은 것들만 기억하는데, 문제는 여기서 좋은 것들이 별로 없어서 기억할 만한 것들이 그렇게 많지가 않다는 거예요.

소율   고생을 그렇게 많이 했는데, 그 고생을 벌써 다 잊어버렸어요?

한새   물론 기억을 더듬어보면 다 생각이 나지만 그냥 아프리카에서 뭐했지? 했을 때, 그 고생이 뭔지 떠오르진 않아요.

소율   그래요? 그러면 이제 내일 탄자니아로 갈 건데 탄자니아에선 무엇을 기대하나요?

한새   사람들이 여기보다 좀 친절하고, 모든 면에서 여기보단 나았으면 좋겠어요. 뭐 자연도 그렇고 사람도 그렇고 동물도 그렇고 음식도 그렇고. 세렝게티 사파리가 기대되긴 해요. 밤에는 별을 좀 찍을 수 있으면 좋겠어요.

소율   세렝게티는 맹수들이 돌아다니고 위험해서 안 된대요.

한새   딱히 세렝게티가 아니어도 하늘 맑고 그냥 뻥 뚫린 데서 별 좀 찍었으면 좋겠어요.

소율   아프리카에서 밤에 나가 있는 건 어디나 마찬가지로 위험해요.

한새   그럼 어쩔 수 없고요.

소율   그러면 탄자니아에서 시원찮으면 바로 인도로 가자 그랬는데, 케냐는 아예 가보고 싶은 생각이 없어요?

한새   여행자들이 가장 좋다고 한 탄자니아 사람들이 별로 안 친절하면, 케냐는 어차피 더 나쁠 거고요. 그리고 아프리카에 대한 정이 떨어질 거 같아요, 탄자니아가 별로 안 좋으면.

소율   탄자니아는 여기보단 나을 거라고 나는 그래도… 그렇게 엄마는 생각하고 있어요.

하필이면, 아프리카

한새 나도 그 정도의 기대는 하고 있는데. 막상 탄자니아에도 별로 볼 일이 없으면 아프리카는 이제 질릴 거 같아요.

소율 근데 탄자니아 사람들이 별로여도 세렝게티 사파리도 있고 탄자니아는 또 거기 뭐더라? 그래, 스톤타운이 있는, 잔지바르! 좋은 데가 있으니까. 괜찮지 않을까요?

한새 어차피 잔지바르도 사람들이 좋아야 좋은 거예요. 사람들이 나쁘면 거리도 아예 눈에 안 들어와요. 잔지바르는 사람들이 좋다고 하니까 기대하고 있긴 한데요. 케냐는 이제 사파리도 안 할 거고 잔지바르 같은 곳도 없고. 그 불친절한 사람들을 무마시켜줄 만큼 큰 매력적인 요소가 없으니까 차라리 뜨는 게 나을 거 같아요.

소율 잔지바르는 워낙 유명한 관광도시고, 탄자니아랑은 또 다르기 때문에 괜찮을 거예요.

한새 그러길 바라요.

소율 알았어요. 그럼 인도를 간다면 인도에 대해서는 어떻게 생각하고 있나요?

한새 인도도 딱히 기대를 하지 않고 있어요. 이제는 사람에 대한 기대가 별로 없어요.

소율 헉, 큰일 났네요. 여행에서 사람에 대한 실망을 많이 해서.

한새 인도도 솔직히 잘 모르겠어요. 지금으로서는 그냥 기대 없이 가는 거예요. 아무 생각 없이.

소율　지금 우리 여행이 기로에 서 있군요. 사람에 대한 희망을 잃고 아무 기대 없
　　　이 가는 여행! 이대로 괜찮을까요?

한새　만약 이 상태로 돌아간다면, 다음부터 여행은 하고 싶지 않게 될 것 같아요.

소율　아, 그러면 안 돼요. 우리는 반드시, 반드시 사람에 대한 희망을 되찾고 즐거
　　　움을 찾아서 여행을 끝내야 돼요. 알겠죠?

한새　네.

소율　끝!

처음 말라위에 들어올 때가 생각난다. 우리는 부활절 휴가 때문에 버스가 없어서
목요일에나 루사카Lusaka(잠비아의 수도)에 올 수 있었다. 금요일에 신청한 말라위 비
자는 다음 주 화요일에나 나온단다. 주말이 낀 데다 월요일이 또 홀리데이. 홀리데
이가 참 많기도 하다. 아무것도 볼 것도, 할 것도 없는 루사카에서 6일이나 기다려
야 하다니. 여행자들은 말라위나 탄자니아로 가기 위해 루사카를 거친다. 대부분
은 루사카에서 탄자니아의 수도 다르에스살람Dar es Salaam으로 직행하는 타자라 기차
를 탄다. 말라위는 여행자에게 인기 있는 나라가 아니다.

　　나는 말라위를 건너뛰자고 제안했다. 우리도 남들처럼 타자라 기차를 타고 한
방에 탄자니아로 가자고. 6일씩이나 기다려서 비자를 받기에는 말라위가 그리 땡
기지 않았다. 돈도 시간도 아까웠다. 아들은 또 고집을 피웠다. 꼭 말라위에 가야
한다는 것이다. 이유는 단순했다. 잠비아 리빙스턴Livingstone에서 만났던 코이카 누
나들의 말 한마디 때문이었다.

"말라위 호수가 환상이라던데?"

자신들이 직접 가본 것도 아니고 그냥 카더라 통신에 불과한 그 한마디. 아이는 그 말에 그야말로 환상을 키웠다. '말라위 호수는 파라다이스일 거야!' 아이고, 내 팔자야. 한번 발동된 똥고집은 좀처럼 수그러들 줄 몰랐다. 결국 우린 더러운 숙소의 방바닥을 긁어대며 6일을 기다려야만 했다. 매번 아이의 고집에 이렇게 지고 마니, 내가 너무 유약한 엄마일까? 아들과 엄마의 파트너 관계에서 영원한 갑은 아들인 것 같았다.

나도 실은 이때 정말 돌아가고 싶었다. 하지만 이렇게 물러설 수는 없었다. 아직 여행은 많이 남아 있었으니까. 아직 경험하지 못한 멋진 것들이 우리를 기다리고 있을 테니까.

한새 says

이때는 정말 여행이고 뭐고 다 때려치우고 싶었어요. 그런데 엄마가 단 한 번도 돌아가고 싶다는 말은 안 하는 거예요. 그래서 저도 할 수 없이 참았죠. 정말 힘들었지만 끝까지 견뎌냈어요. 제가 자초한 일이니 차마 먼저 집에 가자고 말할 수는 없었으니까요. 그때 엄마 입에서 "가자!" 한마디만 나왔으면 진짜 돌아왔을지도 몰라요.

나도
싸울 줄 안다

터미널 한복판에서 이런 일이 벌어질 줄은 꿈에도 생각 못했다. 나는 고래고래 소리를 지르고 있었다. 상대 역시 악을 쓰고 맞섰다. 사람들은 이 동네의 유일한 동양인 여자가 싸우는 꼴을 흥미롭게 지켜보았다. 탄자니아는 말라위보다 나을 줄 알았더니 산 넘어 산이다.

시작은 괜찮았다. 우리는 이 작은 마을, 음베야에서 다음날 아침 7시에 출발하는 버스를 탈 예정이었다. 그런데 준비성 좋게 예매를 한 것이 화근이었다. 버스 회사 직원은 버들가지처럼 나긋나긋 친절했다. 그는 표를 판 뒤 우리가 찾는 숙소를 자상하게 가르쳐주기까지 했다. 그러나 딱 거기까지. 한 시간 뒤 다시 만난 그는 닳고닳은 사기꾼이었으니까.

　　내일 목적지 이링가로 가려면 탄자니아 실링이 더 필요했다. 현금인출기를 찾아 돌아다니다 대학생이라는 청년을 만났다. 한새 통역으로 이런저런 얘기를 하던 중 갑자기 생각이 났다.

　　"이링가까지 차비가 얼만지 물어봐. 아무래도 너무 비싼 거 같아."

아까부터 차비가 마음에 걸렸다. 한국에서 조사해온 '내 정보'는 매번 '꽝'이었지만 그래도 그렇지, 심하게 금액 차이가 났다.

"이링가로 가세요? 차비는 12,000실링이에요. 저도 내일 아침에 이링가로 가는 버스를 타거든요."

다리가 휘청했다. 완전히 속았다. 일인당 20,000실링을 주었으니 16,000실링을 날려버린 것이다. 순간 머리끝까지 화가 치밀었다. 말라위에서 진이 다 빠져 탄자니아에 왔는데, 여기서도 이런 일을 당하다니! 게다가 이 엄청난 액수 좀 보소. 한두 푼이 아니다. 무려 정가의 70퍼센트 정도를 더 붙였다. 사기를 쳐도 아주 통크게 친다. 수법도 교묘했다. 버스회사 사무실 벽에 떡 하니 써 붙여 놓은 가격표가 전부 거짓이었다. 그건 외국인용 가짜 가격표였다. 그 사무실만 그런 게 아니었다. 버스 터미널에 있던 그 많은 버스회사가 전부 그랬다. 그런 놈들의 그물에 물고기 두 마리가 제대로 걸린 것이다. 현지인은 절대 예매를 하지 않는다. 아니 예매라는 개념 자체가 없다. 미리 차비를 물어보지도 않는다. 그들은 출발하기 직전에 와서 자리에 앉아 돈을 낸다. 그게 탄자니아 스타일이었다. 물론 나중에야 이 사실을 알았지만.

현금인출기고 뭐고, 당장 사무실로 쳐들어갔다. 이런 경우 시간을 끌수록 불리하다. 자고로 남의 주머니에 들어간 돈 다시 빼내오기는 낙타가 바늘구멍 들어가기만큼이나 어려운 법. 더구나 아. 프. 리. 카. 에. 서. 도와줄 것처럼 보이던 청년은 탄자니아 사람들이 다 그런 것은 아니라는 둥, 일부 나쁜 사람들이 여행객에게 거짓말을 한다는 둥 변명을 해쌌더니 어느새 내빼버렸다. 그래, 골치 아픈 일에 끼어들기 싫다 이거지? 어쨌거나 빼앗긴 내 돈은 반드시 찾고야 말테다.

"너희들 우리한테 거짓말 했어! 버스 값 12,000실링이잖아!"

옆에서 한새가 거들었다.

"차비가 얼만지 다 알고 왔어. 지나가는 대학생이 우리가 속았다고 알려주더라. 너희는 우리에게 차액 16,000실링을 돌려줘야 해!"

이 말에도 그들은 여유로웠다. 하긴 뭐 한두 번 해보는 일이랴. 까짓 새파란 동양인 커플쯤이야. 아프리카 사람들은 내 나이를 알아보지 못했다. 아들은 성숙해 보이고 나는 동안인 편이니, 대개 스무 살 커플인 줄로만 알았다. 물론 한새는 무척 기분 나빠했지만.

"어이, 코리언. 진정하라구. 표 판 친구를 불러줄게. 개랑 얘기를 해봐."

"5분이야. 그 안에 안 오면 무조건 경찰 부른다!"

동료 직원이 전화를 했다. 나는 손목시계를 들여다보며 시간을 쟀다. 말이 말

로만 끝나지 않을 것임을 보여주는 행동이다. 곧 그 놈이 돌아왔다. 역시 눈 하나 깜빡 안 했다. 능글능글 웃으며 오히려 자기가 더 큰소리를 쳤다.

"진정하고 내 말 들어봐. 버스 값은 20,000실링이 맞다구. 너희가 잘못 안 거야. 너희들 이러면 괜한 사람에게 누명 씌우는 거야! 난 정직해!"

"농담하지 마. 다 알고 왔어. 다 필요 없고 당장 16,000실링 내놔! 안 내놓으면 경찰을 부를 거야!"

나는 일부러 화를 내며 소리를 질렀다. 반면에 한새는 놈의 변명에 이러쿵저러쿵 논리적으로 따지고 있었다. 아들의 차분한 항의가 길어질수록 놈의 뻔뻔한 거짓말도 길어졌다. 잠비아 리빙스턴에서 한 번 싸워 본 적이 있지만 역시 소년에게 싸움이란 어려운 일이었다. '너나 나나 온순한 평화주의자이지. 하지만 아들아, 그런 식으로는 얘들한테 안 통한다니까.' 이럴 때 영어를 잘했으면 얼마나 속 시원히 들이대겠느냐만, 에고~ 유치원생보다 못한 단문만 내뱉을 수 있으니. 그렇다고 물러날 수는 없었다.

"그럼 15,000실링짜리 버스로 바꿔 줄게. 너희들이 내 말을 잘 못 들었구나? 내가 아까 얘기했잖아. 7시 차는 2×2 버스라 20,000실링이고, 9시 차는 2×3 버스라 15,000실링이라고. 마이 시스터, 그럼 9시 버스를 타."

말도 안 되는 수작이었다. 이 촌구석에 아니 탄자니아에 등급이 다른 버스가 있을 리도 없을 뿐더러, 그는 그런 말을 한 적도 없었다. 이들은 수작이 안 통하면 저렇게 빈정거린다. '니들이 영어를 못 알아들어서 그래.' 라고.

"한새야, 길게 말할 거 없다. 버스표 2장 다 취소한다고 해! 40,000실링 모두 돌려달라고. 안 그러면 당장 경찰을 불러온다고 해라!"

"취소한다고? 너희들 이링가로 가야 하잖아? 취소는 불가능해! 그러면 너희들에게 취소 벌금을 물리겠어!"

이리 둘러대고 저리 둘러대도 통하지 않자 아예 협박을 했다. 놈은 갈 데까지 가보자, 이런 심보였던 것이다. 말도 안 되는 취소 벌금이 놈의 마지막 패였다. 나도 마지막 패를 내던졌다. 뚜껑이 확 열려버렸다.

"흥, 우리 이링가로 안 가. 아무데도 안 갈 거야. 다 필요 없어! 됐다, 나가자!"

우리는 사무실 문 밖으로 뛰쳐나갔다. 계속 경찰 운운한 건 빈말이 아니었다. 나가서 경찰을 찾았다. 그러자 놈이 뛰어 나와 내 팔을 잡았다. 역시 경찰이 먹히는 카드였어!

"알았어! 환불해줄게. 40,000실링 돌려준다고! 대신 너희들, 나랑 같이 경찰서에 가자! 가서 취소 벌금을 물어야 하니까!"

하필이면, 아프리카

놈은 씩씩거리며 소리를 질러댔다. 버스 터미널에 있던 모든 사람들이 우리를 쳐다보았다. 그날 버스터미널 한가운데서 싸우던 두 명의 동양인을 모르는 음베야 사람은 아무도 없었을 거다. 그 놈은 분통을 터트리며 40,000실링을 건네주었다. 게임 오버. 돈을 받았으니 더 이상 너와 상대할 필요가 없지. 그러나 놈은 패배를 쉽게 인정하지 않았다. 뒤를 따라오면서 계속 협박을 했다. 코리언이 돈과 버스표를 가지고 경찰서에 가야 한다. 가서 환불 벌금을 내라, 안 그러면 경찰을 데리고 니네 숙소에 찾아가겠다. '거참 씨알도 안 먹힐 벌금 타령은! 이미 쓸모없어진 패를 왜 자꾸 들먹거려?' 우리는 버스표를 놈의 발 앞에 던져두고 그 자리를 떴다. 당당한 한판승! 아마 아프리카에서 사기당한 돈 전액을 돌려받은 여행자는 찾아보기 힘들걸? 낙타가 바늘구멍을 통과했다!

내 안에도 전사의 유전자가 숨어 있었을까. 비록 저녁밥 먹으러도 못 가고 쫄쫄 굶었을지언정(식당들이 죄다 버스 터미널에만 있었다). 비록 밤새 잠 한숨 못 자고 벌벌 떨었을지언정(놈들이 찾아와 해코지라도 할까봐 잔뜩 겁을 먹은 채로). 그날 밤 나는 복도에 있는 화장실에 가는 것도 겁을 냈지만 말이다. 전사의 유전자는 싸움이 끝나자마자 허무하게 사라져버렸다. 한판승의 결과는 의외로 초라했지만, 어쨌든 나는 싸웠다. 그리고 이겼다.

이별도
아프리카답게

Tanzania, Dar es Salaam

언젠가부터 우리는 기도를 하기 시작했다(딱히 종교를 가지고 있지는 않지만). 기도 내용은 매일 달랐지만, 사실 결국에는 모두 같은 말이었다. 보이지 않는 수천 개 손의 도움이 절실히 필요했다.

'제발 오늘 하루도 무사히!'

드디어 다르에스살람에 왔다. 탄자니아의 옛수도이자 우리의 중요한 목적지였다. 탄자니아에서 하고 싶은 것은 딱 두 가지였다. 그 유명한 사파리와 잔지바르 섬 가기. 말라위 국경을 넘어 다르에스살람까지 세 개의 마을을 거쳤다. 모두 사흘이 걸렸다. 탄자니아는 넓고도 넓어 말라위 국경에서 이곳까지 한번에 이를 수가 없었다. 안 그래도 이미 말라위에서 몸과 마음이 지쳐버린 상태였는데 탄자니아에서의 3일 역시 쉽지 않았다.

다르에스살람은 이슬람색이 강했다. 머리에 히잡을 두른 여인들도 보이고 이제까지의 아프리카와는 상당히 다른 분위기였다. 맛있는 식당도 있었다. 와, 아프

리카에서 다양한 요리를 먹을 수 있는 식당이라니. 이건 행운이다. 우리는 당장 그 식당의 단골이 되었다. 그런데 갈 때마다 바가지를 씌웠다. 처음에는 얼떨결에 당했지만 두 번째부터는 미리 음식 값을 계산해두었다가 선수를 쳤다. 어떻게 이 사람들은 만날 오는 손님을 매번 속이려 들까? 이제는 이런 게 지긋지긋했다. 어떻게 밥 한 끼를 마음놓고 먹을 수가 없는지.

우리는 사파리를 하지 않기로 했다. 사파리를 하려면 아루샤Arusha(세렝게티 국립공원

근처 도시)까지 가야 한다. 여기서 아루샤까지 버스로 9시간. 오고 가고 사파리를 하는 동안 또 얼마나 많은 사단이 일어날지, 휴~ 더 이상의 실랑이와 드잡이는 하고 싶지 않았다. 대신 배로 3시간 걸리는 잔지바르 섬Zanzibar Island에만 다녀오기로 했다. 그다음에는 방콕으로 날아가자! 우리는 그렇게 마음먹었다.

오늘은 거리로 나가지 말고 숙소에만 있다가 내일 잔지바르로 떠나야지. 비싸더라도 그냥 숙소 식당에서 세끼를 다 사 먹자. 그런데 아침에 식당으로 내려가니 문이 닫혀 있었다. 직원이 하는 말이 오늘은 장사 안 한단다. 홀리데이도 아닌데 왜? 허나 물어봐도 소용없음은 불 보듯 뻔한 일. 아무도 이유를 알고 싶어 하지도 않고, 알지도 못하니까. 동아프리카는 그렇다. "이유 같은 건 묻지 마!"

그 순간 나는 마지막 물 한 방울이 "똑!" 떨어지는 소리가 들렸다. 머릿속 꼭대기까지 물이 가득 차 있어서 곧 넘치기 직전. 마지막 한 방울이 더해져 드디어 콸 콸 넘치는 순간. 이제 더 이상 아프리카에 있을 수 없음을 깨달았다. 마음속 목소리가 외쳤다. 이제는 그만, 여기까지야! 나는 아들에게 명령을 내렸다.

"당장. 내일. 여기를 뜨자. 아프리카를 떠버리자!"

"좋아, 엄마! 지금 비행기 표 알아볼게."

숙소 식당이 문 닫아서 사파리고 잔지바르고 다 때려치우고 떠난다고 하면 모두들 웃겠지. 하지만 당해보지 않고는 아무도 이 기분을 모른다. 자꾸 끊어지는 인터넷을 달래가며 항공권 예약에 성공. 이틀 뒤였다.

그런데 아프리카는 역시 우리를 쉬이 내보내주지 않았다. 공항 절차가 황당했다. 예약한 표를 받으려고 하는데, 거쳐야 할 사전 검열이 있었다. 바로 남자 직원 부스. 이건 또 뭐 하자는 건지. 그는 우리에게 항공권을 보여달랬다. 기가 탁 막혔다.

"이봐요. 우리는 인터넷 예약을 했다구요. 당연히 표가 없죠. 저 쪽에 가서 이제 받아야 하잖아요."

그는 무슨 말인지 이해를 못했다. 오 마이 갓! 인터넷 예약을 모르는 것 같았다.

"그럼 핀 넘버를 보여줘요."

"그런 거 안 적어 왔어요. 저쪽에서 우리 예약을 확인해보면 될 거 아녜요?"

그는 아주 의심스런 표정으로 꼬치꼬치 심문을 하기 시작했다. 여권을 보여달라, 어디로 갈 거냐, 또 그곳에서는 다시 어디로 갈 거냐…. 대답을 다 듣고도 그는 뭔가를 또 궁리했다. 아, 이러다 우리 방콕으로 가기는 하는 거니?

"황열병 카드를 내놓으시오!"

또 기가 막혔다. 국경 직원이라면 모를까, 항공사 직원이 왜 황열병 카드를 요구하나? 그는 그것을 요구할 자격이 없었다. 무엇보다도 탄자니아에서는 황열병 카드가 필요 없었다. 그건 케냐에 입국할 때 필요한 것이었다. 게다가 지금은 입국도 아니고 출국을 하는 거란 말이닷! 그 자는 먼저 한새 것을 꼼꼼히 들여다보았다. 그리고 내 것도 역시 꼼꼼히 살폈다.

'그렇게 들여다본다고 떡이 나오니, 밥이 나오니? 니가 경찰이니, 국경 직원이니? 도대체 그건 왜 검사하는데?'

그는 계속 궁리하는 듯한 얼굴이었지만 더 이상은 소용이 없었다. 아마 우리에게 황열병 카드가 있으리라고는 예상을 못했을 것이다. 탄자니아에서는 원래 필요 없는 거니까. 없으면 그걸 빌미로 뭔가 뒷덜미를 잡으려 했겠지. 허나 그것마저 내놓으니 달리 트집 잡을 일이 없었던 게다. 여기서는 항공사 직원이 대단한 권력인 게 틀림없었다. 그러니 이렇게 막무가내로 설쳐대겠지.

결국 그는 옆의 여직원들에게 우리를 넘겼다. 드디어 예약한 비행기 표를 받을 수 있는 건가? 이제 여직원들 차례. 처음부터 "우리가 예약을 확인할 테니 이리로 보내시오."라고 한마디만 해주었으면 되었을 것을. 그녀들의 일솜씨 역시 그자 못지 않았다. 표 하나 내주는 데 3명이 매달려 갖은 의논을 했다. 이 사람들은 쉬운 일을 어렵게 하는 게 특기인 모양이다. 아니면 그녀들 역시 인터넷으로 예약한 항공권을 처음 처리해보는 것인지도 몰랐다. 30분이나 걸려서 드디어 표를 받아 들었다. 모자는 손을 맞잡고 팔짝팔짝 뛰었다. 이제 진짜 만세다!!! 우리는 그렇게 아프리카와 안녕을 했다. 남의 꼬리를 꼭 잡고 안 놔주려는, 이별도 참 아프리카답다.

하필이면, 아프리카

46일간의 아프리카는 파란만장했다. 안드로메다의 어느 혹성에 불시착한 것 같았다. 특히 말라위와 탄자니아는 정말 상상 이상이었다. 물론 고마운 사람들도 많았다. 이해할 수 없는 일들은 더 많았다. 아들과 나는 아프리카를 '5대 불가'의 땅이라 불렀다. **상상불가, 예측불가, 기대불가, 안심불가, 상식불가.** 베테랑 여행자였다면 어땠을까? 그리 헤매지도 않고 사람들과 싸우지도 않았을까? 다른 누구에게는 어쩌면 모든 게 가능한 땅이었을지도 모르겠다. 하지만 우리는 그저 초보여행자! '지금 가진 걸로 제사지낸다.'는 말처럼 하수가 갑자기 고수로 변신할 수는 없는 노릇이었다. 비록 하수지만 최고 난이도의 시험에 도전한 느낌이었다. 이 시험은 채점자도 커트라인도 없는 시험이다. 경험한 것 자체가 곧 합격이므로. 이제 세상 어딘들 못 가랴. 무슨 일인들 못 하랴.

이집트까지 종단하겠다던 애초의 계획은 날아가버렸다. 그런 건 하나도 아쉽지 않았다. 아프리카 탄자니아에서 태국 방콕이라는 말도 안 되는 루트를 선택했을 때, 이미 계획 따위는 인도양에 던져버렸다. 종단, 횡단해야 할 그 무엇도 필요없었다. 그저 가고 싶은 곳을 마음대로 가겠다는 자유만이 남았다. 루트가 엉망이면 어떻고 계획이 없으면 어떤가. 마음이 이끄는 곳이라면 어디라도 상관없었다.

이제야 진짜 유목민이 된 기분이었다. 여행의 제 1막이 끝났다. 우리가 자칭한 제 2막의 이름은 '막가파 여행'. 계획 없이는 아무것도 못 하던 내가 이제는 '막가파'로 변해버렸다. 아니 내 안의 '막가파'가 이제야 눈을 뜨기 시작했다.

#03   N e p a l

느리게, 네팔

시작은
방콕

Thailand, Bangkok

막가파 여행은 방콕에서부터 시작되었다. 이미 두 번 여행을 해봤던 곳이라 한국 다음으로 익숙했기 때문이다. 그 밖에도 방콕의 장점은 많았다. 우선 아프리카보다 물가가 훨씬 싸다. 동남아 특유의 맛난 음식들도 널려 있다. 여행에 필요한 거의 모든 물건들을 손쉽게 구할 수 있다. 인터넷도 한국 수준으로 빵빵하다. 무엇보다 방콕에서는 마음 편히 쉴 수 있을 것 같았다.

우리는 카오산 로드 Khaosan Road 건너편 람부뜨리 로드 Rambuttri Road에 머물렀다. 카오산은 너무 시끄럽고 지나치게 번잡스럽다. 람부뜨리는 있을 건 다 있으면서 상대적으로 카오산보다 조용했다. 비교적 선선했던 아프리카와는 달리 5월의 방콕은 푹푹 찌는 가마솥이었다. 우기 전의 혹서기, 1년 중 가장 무더울 때였다. 밥을 먹으려면 땀을 한 바가지씩 흘려야 했다. 그래도 좋기만 했다. 우리 모자는 나사 하나 풀린 사람처럼 맨날 히히 웃고 다녔다. 더워도 좋고 시끄러워도 좋았다. 뭔들 싫은 게 있었을까? 아프리카에 비하면 낙원인 것을. 비관적이던 아이마저 다시 명랑 청소년으로 돌아왔다.

천하의 방콕도 5월은 여행 비수기다. 거리도 조용하고 한산하다. 아프리카에서는 한국인은커녕 동양인 여행자 자체가 드물었다. 46일 동안 동양인 여행자라고는 딱 두 명 보았다. 일본사람 한 명, 홍콩사람 한 명. 그러니 여기서 한국사람을 마주칠 때마다 신기하고 반가웠다. 마음껏 한국말로 수다를 떠니 날아갈 것 같았다.

방콕 람부뜨리에 도착한 날, 두 명의 아저씨를 만났다. 한국식당 '동대문'에서 감격의 김치말이국수를 먹고 있을 때였다. 중국 쿤밍 일대를 돌아다니다 왔다는 중년 아저씨 1. 그 여행 중에 만나 방콕까지 같이 온 젊은 아저씨 2. 다음날 노점식당에서 같이 저녁을 먹는데 아저씨 3이 다가왔다.

"한국 분들이시죠? 재밌게 얘기들 하고 계시길래 와봤어요."

"네, 한국사람 맞아요. 여기 앉으세요. 같이 저녁 먹어요."

일행은 금세 다섯이 되었다. 곧이어 지나가던 총각 K가 또 합류했다. K는 1년 넘게 세계를 돌아다니는 열혈청년이다. 박박 깎은 머리에 포스가 장난 아니다. 여섯이서 웃고 떠드는데 이번에는 옅은 갈색머리 파란 눈의 청년이 말을 걸었다. 그것도 유창한 한국말로! 한국인 여섯 명의 입을 딱 벌어지게 만든 이 사람은 영국인 조시아. 연세어학당에서 2년째 한국어 공부를 하다가 잠시 휴가를 왔단다. 더욱 놀라웠던 건 그가 들고 다니던 가이드북. 그는 심지어 《ENJOY 방콕》이라는 한국어 가이드북을 들고 있었다. 정작 한국인인 우리는 《론리 플래닛》을 들고 다니는고만. 진정 외국어를 배우려면 이 정도는 해줘야 한다는 걸 온몸으로 증명하고 있었다.

"이 책 보고 파타야에 갔었는데요, 음 별로였어요. 너무 시끄럽고 또 너무 야했어요!" 야한 것이 싫다는 영국 총각. 그는 참말로 모범적이고 진중한 사람이었던 것이다.

며칠 뒤 아저씨 1, 2, 3과 총각 K는 각기 다른 목적지로 향했다. 우리는 길에서 또 다른 사람을 만났다. 기온이 40도가 넘는다는 인도에서 40여 일간 여행하다 들어온 청년 H. 그는 여행구력이 오래된 고수였다. 우리는 그에게 아프리카 얘기를

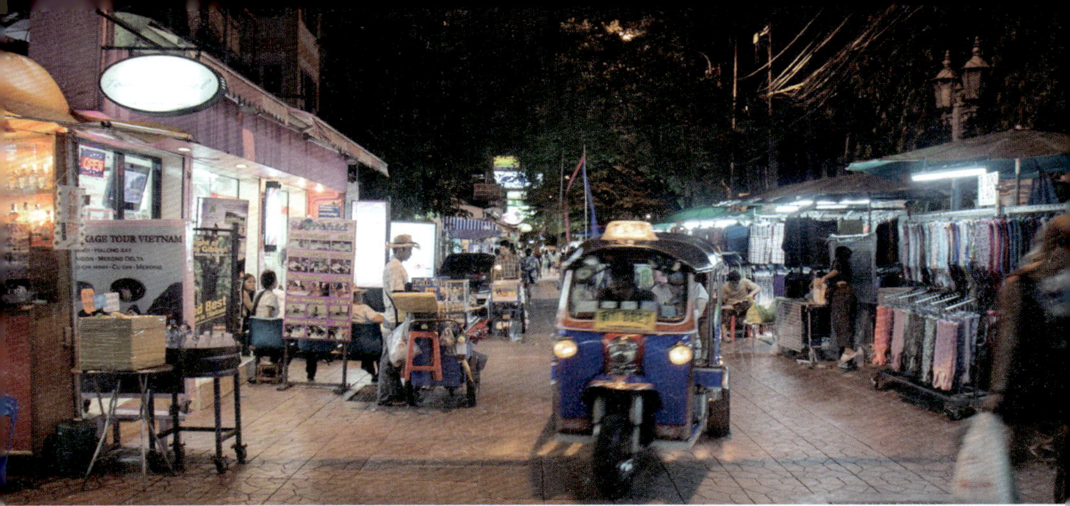

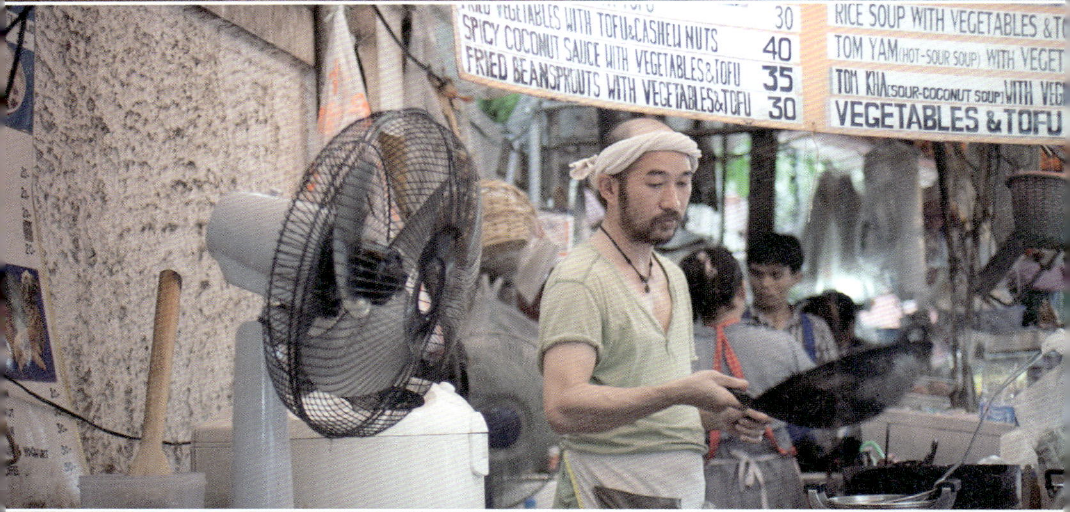
FRIED VEGETABLES WITH TOFU&CASHEW NUTS 30
SPICY COCONUT SAUCE WITH VEGETABLES&TOFU 40
FRIED BEANSPROUTS WITH VEGETABLES&TOFU 35
30
RICE SOUP WITH VEGETABLES
TOM YAM(HOT-SOUR SOUP) WITH
TOM KHA(SOUR-COCONUT SOUP) WITH
VEGETABLES &TOFU

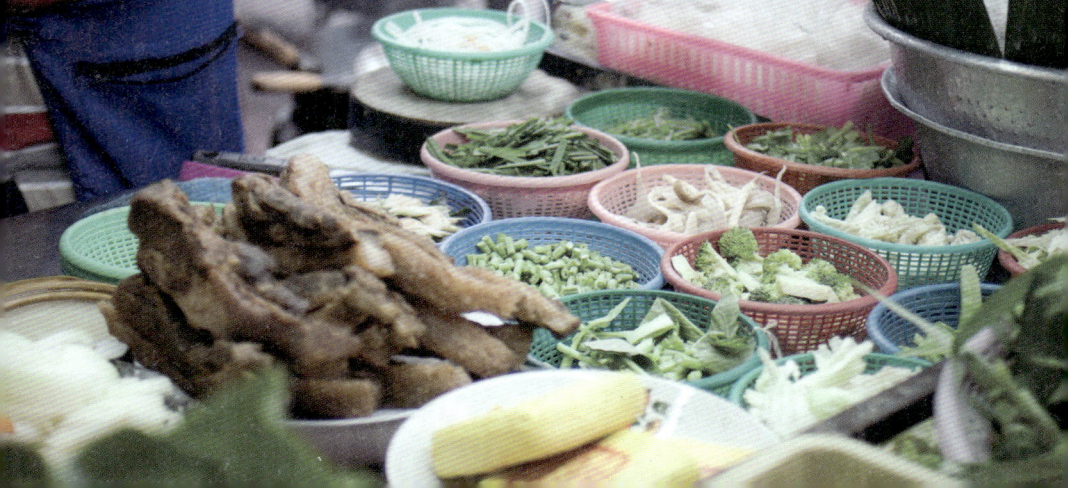

해주었고 그는 인도 얘기를 들려주었다.

"아프리카 사람들은, 음… 얘기 들어보니까 인도 사람들을 능가하는데요? 여행자들이 사람 때문에 힘들어하는 나라가 베트남, 이집트, 인도거든요. 그중 인도인들이 가장 심하죠. 그런데 그들보다 더하다고 하니, 어쩐지 저는 아프리카 사람들한테 끌리는 걸요? 만나보면 재밌을 거 같아요!"

　　과연 고수다운 호기심이었다. 자기는 늘 혼자서 여행을 하기 때문에 수작 부리는 호객꾼마저 반갑단다. '아, 진정 고수의 자세란 저런 것이로구나!' H는 다음 여행지로 네팔을 추천했다. 사람들 착하고 쉬기 좋고 물가 또한 더할 나위 없이 싸다는 것이다. 포카라의 파란 하늘 아래서 느긋하게 쉬다 보면 아프리카에서 방전된 에너지가 곧 충전되리라는 예언이었다.

나는 망설임 없이 네팔 카트만두 행 비행기표를 끊었다. 오직 H의 말만 듣고 결정한 일이었다. 한국에서는 얼마나 많은 여행준비를 했던가. 블로그와 인터넷 카페를 뒤지고 온갖 정보들을 수집했다. 그중 네팔은 전혀 목록에 들어있지 않은 나라였다. 지금 우리에게는 가이드북도 없다. 헌책방에서 《론리 플래닛》 네팔 편을 찾지 못했다. 새 책을 사자니 속 쓰리게 비쌌다. 에라, 모르겠다. 카트만두 들어가 서 하나 구해보지 뭐. 내 배짱도 꽤나 두둑해졌다. 이제부터 정말 마음 가는 대로 흘러 다녀보자.

본격적인 막가파 여행, 시작이다.

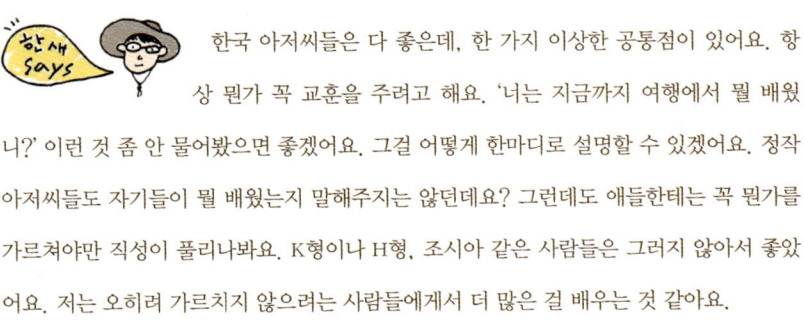

한국 아저씨들은 다 좋은데, 한 가지 이상한 공통점이 있어요. 항상 뭔가 꼭 교훈을 주려고 해요. '너는 지금까지 여행에서 뭘 배웠니?' 이런 것 좀 안 물어봤으면 좋겠어요. 그걸 어떻게 한마디로 설명할 수 있겠어요. 정작 아저씨들도 자기들이 뭘 배웠는지 말해주지는 않던데요? 그런데도 애들한테는 꼭 뭔가를 가르쳐야만 직성이 풀리나봐요. K형이나 H형, 조시아 같은 사람들은 그러지 않아서 좋았어요. 저는 오히려 가르치지 않으려는 사람들에게서 더 많은 걸 배우는 것 같아요.

꽃보다 아이들

Nepal, Pokara

사랑꽃, 사랑꽃이라. 한국어야 네팔어야?(우리말 표기로는 사랑코트sarangkot이지만, 대개 '사랑꽃'이라 부른다.) 처음 '사랑꽃'이란 단어를 들었을 때 한국말인가 싶었다. 이름이 참 예쁘다. 포카라Pokhara에 온 지 사흘째. 오늘은 '사랑꽃'에 간다. 이 곳은 여행자 거리 레이크사이드 북쪽에 자리 잡은 산봉우리다. 히말라야 설산을 감상할 수 있는 뷰 포인트 중 하나. 모두들 히말라야 트래킹을 하기 위해 레이크사이드로 온다. 우리만 빼고. 우리는 그저 늘어지게 쉬려고 여기에 왔다. 소풍삼아 가까운 산봉우리라도 갔다 와야지.

일행은 모두 여섯 명. 청년 둘, 아가씨 둘, 그리고 우리 모자다. 모두 한국식당 '산촌다람쥐'에서 만나 의기투합했다. 여행자 거리에서 30분쯤 걸어가니 사랑꽃으로 오르는 산길이 나왔다. 시작부터 돌길이다. 포카라에는 돌이 많았다. 조금 가다 보니 갈래 길. 우리는 중간중간 마을 사람들에게 길을 물어보았다.

커다란 나무 아래 할머니 두 분이 앉아 있었다. 헉헉대는 우리들에게 손짓으로 말했다. "얼른 이리 와서 쉬었다 가구랴."

한 할머니는 손자를 안고 있었다. 풍선을 불어주니 아기는 어리둥절한 표정이

었다. 아마 풍선이란 물건을 처음 본 게지. 할머니는 카메라를 가리키며 손짓을 했다. 사진을 찍어달라는 뜻이다. 아기와 할머니를 찍어 화면을 보여주었다. 가만 보니 할머니는 나름대로 곱게 치장을 했다. 링 귀걸이에 초록색 끈목걸이. 한쪽 코에는 금으로 점처럼 작은 피어싱을 했다. 그런데 어, 할머니와 아기의 눈이 닮았다. 설마 할머니가 아니고 엄마? 할머니는, 아니 아기 엄마는 화면 속의 얼굴이 마음에 들었는지 연신 웃었다. 반면, 그 옆의 할머니는 사진을 찍고 싶어 하지 않았다. 앞니가 모두 빠져 있었다. 손짓으로 하는 말을 금방 알아차렸다. '그 마음 이해하지요. 늙었다고 여자가 아닐까요.' 그런 모습으로는 사진 찍히기가 싫은 거였다.

무한정 쉬고만 있을 수는 없는 일. 또 길을 나섰다. 산길은 평지가 없었다. 계속 오르막 오르막. 갑자기 테이블 마운틴의 악몽이 되살아났다. 도대체 어디가 '사랑곳'인 겨!

"올라가는 입구를 잘 찾아야 해요. 다른 쪽으로 가면 5시간씩 헤맬 수도 있어요."

산촌다람쥐 사장님의 말이 떠올랐다. 우리 정말 잘 가고 있는 거니? 이때 별안간 산길에 아이들 목소리가 들렸다. 교복 입고 가방 멘 꼬마들이 조잘조잘 이야기

를 나누며 우리 앞으로 걸어왔다. 학교 끝나고 집으로 돌아가는 길 같았다. 길에는 갑자기 올망졸망한 꽃들이 확 피었다. 이 동네에는 방글방글 웃는 아이들이 왜 이리 많은 거야? 그중에 저 두 소녀. 몸집이 얼마나 작은지 서너 살도 채 안 되어 보였다. 쌍둥이처럼 둘이 똑같이 하얀 셔츠에 앞바대가 달린 청색 치마를 입었다. 교복이었다. 저 작은 몸에 교복을 어찌 입혔누? 가느다란 머리카락은 뒤로 꼭 묶은 채, 큰 눈과 조그만 입이 같이 생글거렸다.

"아이 러브 포토! 아이 러브 포토!" 아예 노래를 불렀다. 안 그래도 와락 안아 주고 싶은데 사진 찍히기를 자청하다니, 이쁜 것들! 한새는 재빨리 사진을 찍었다. 화면을 보여주니 더 활짝 핀 꽃 두 송이가 되었다. 나는 아이들에게 풍선 하나씩을 불어 주었다. 길에서 아이들을 만나면 늘 풍선을 불어 준다.

사진 찍히는 게 부끄러워 얌전히 서 있는 꼬마. 조그만 귀걸이를 한 남자아이였다. 소녀들보다도 어려 보였다. 청바지에 곰돌이가 그려진 티셔츠를 입었다. 아이는 가장 어렸어도 자기 차례를 의젓하게 기다렸다. 드디어 하얀 풍선을 받아들고 살포시 웃었다. 저 발간 볼을 꽉 깨물어주고 싶다!

느리게, 네팔

다음날 아침, 한새와 나는 어제 봐둔 뷰 포인트에 올랐다. 정식 뷰 포인트가 아닌 그 옆쪽 넓은 풀밭이다.

"여기 점프 샷 찍기 딱이다. 설산이 배경이라 끝내주는데? 카메라 설치할 테니까 엄마는 시키는 대로 누르기만 해."

아들은 펄쩍펄쩍 잘도 뛰었다. 화면을 보니 제법 근사하다. 이번에는 내 차례. 에고, 뛰는 게 도통 시원찮다. 몸도 무겁거니와 두 발을 날렵하게 뒤로 재껴야 하는데 그게 영 안 된다. 몸은 땅에서 안 떨어지고 다리는 어정쩡하고. 게다가 머리카락은 산발에 배꼽은 다 보이고.

"엄마, 왜 이렇게 못 뛰어? 다리를 뒤로 확 재끼라니까. 그래야 폼이 나오지. 이건 힘든 운동도 아니라고. 근데 그걸 못해?"

아들아, 안 되는 걸 어떡하니? 팔팔한 니 몸이랑 삭아가는 내 몸이랑 같겠니? 툭하면 할 줄 아는 운동이 없다고 구박을 한다. 결국 안 되는 점프 샷은 포기하고 우리는 느긋하게 설산을 감상했다.

느리게, 네팔

그다음 동네 구경에 나섰다. 어깨동무하고 깔깔대는 꼬마들 셋. 그중 가장 큰 아이가 "Sweet! Sweet!"를 외쳤다. '어쩌니? 사탕은 없단다, 애야.' 그나마 가장 어린 꼬마에게 불어줄 풍선이 남아 있어서 다행이었다. 풍선을 다 불 때까지 보채지도 않고 얌전히 기다리는 꼬마. 마침내 풍선을 받아들자 두 손이 "만세!"를 불렀다.

그런데 큰 아이의 입이 비죽 튀어나왔다. 사랑곳은 관광지 마을이다. 조금 컸다고 벌써 관광객의 사탕 선물에 익숙했던 게다. 여행 가이드북에는 아이들에게 아무것도 주지 않는 게 돕는 것이라 나온다. 사탕도 볼펜도 먹을 것도 돈도, 모두 아이들을 공짜 선물에 길들이게 할 뿐이다. 존재 자체만으로도 빛나는 아이들을 외국인의 적선만 기대하는 아이들로 만들지는 말아야 한다. 그래도 빈손으로 다니기는 너무 서운해서 우리는 풍선을 선택했다. 아이들에게 줄 수 있는 것 중 가장 해로움이 적었다. 하나만 있어도 여럿이서 즐겁게 놀 수 있는 놀잇감. 아이들에게는 '놀이'가 최고다. 하지만 가끔은 이렇게 풍선을 반기지 않는 아이가 있다. 반면에 돈을 달라다가도 풍선을 주면 금방 얼굴이 피는 아이들도 많다.

말라위에서 어린 사내애들은 하루 종일 악을 쓰며 울어댔다. 그렇지 않을 때는 우리에게 돌이나 병을 던지려고 했다. 그 애들은 어릴 때부터 이방인에 대한 적대 감과 호전성을 배웠다. 반면에,

네팔의 아이들은 미소와 기다림을 배운다.
꽃 같은, 아니 꽃보다 예쁜 얼굴은 그렇게 해서 생겨났겠지.

사랑꽃을 내려와서야 깨달았는데 역시 우린 길을 잘못 들었다. '사랑꽃 가는 길'이 라고 쓰인 표지를 못 보고 그 옆의 샛길로 올라간 것이다. 가벼운 소풍길이라기엔 어쩐지 힘들더라니. 그래도 괜찮았다. 활짝 핀 아이들을 실컷 보았으니까. 사랑꽃 에서는 설산 구경보다 방긋방긋 웃는 아이들 구경이 제격이다.

느리게, 네팔

고요함을
품고서

Nepal, Pokara

하늘에 떠 있는 듯 우뚝 솟은 하얀 봉우리들. 어쩐지 비현실적이었다. 히말라야는
땅으로부터 서 있는 산 같지 않았다. 그것은 뜬금없이 하늘 중간에 자리 잡았다.
오스트레일리안 캠프에 도착해서 바라다보는 히말라야. 사랑꽃에서보다 훨씬 가까
웠다. 하늘 위에는 설산이 웅장하게 펼쳐져 있었다. 역시 신들이 살 법한 산이다.

우리는 레이크사이드에서 택시를 타고 산 밑 마을에 내렸다. 여기에서 1시간
정도만 산을 오르면 목적지였다. 사랑꽃보다는 편한 길이지만, 역시 계단 오르막
은 벅차다. 40분 정도 오르막을 지나자 돌이 많은 오솔길이 이어졌다. 드디어 오스
트레일리안 캠프. 이곳은 트래킹을 하지 않는 우리가 히말라야를 가장 가깝게 볼
수 있는 장소였다. 그런데 이름이 독특하다. 왜 오스트레일리안 캠프일까? 예전에
오스트레일리아 사람들이 이곳에 텐트를 치고 캠핑을 많이 했단다. 그 후에 현지
인들이 운영하는 로지lodge(오두막, 간이 숙박소)가 생겼지만, 이름은 여전히 오스트레
일리안 캠프. 지금도 숙소 마당은 텐트를 칠 수 있도록 넓은 잔디밭이다.

하늘을 바라보면 신들의 설산, 발아래는 냄새나는 물소의 똥밭. 지상과 천상의
대조. 우리는 길에 널린 소똥을 피해가며 히말라야를 우러러보았다. 설산을 배경

으로 사진을 찍고 오두막 벤치에 앉았다. 처음부터 하룻밤을 자고 갈 계획이었다. 청량한 바람이 시원했다. 금방 땀이 식었다. 곧이어 추워졌다. 역시 레이크사이드 랑은 날씨부터 달랐다. 신들은 자신의 안식처를 항상 보여주지는 않는다. 잠깐 보여주었다가 어느새 또 가리고 그것을 반복하다 아예 감춰버린다. 산 사이의 고요한 이곳이 마음에 들었다. 아래로 계단식 밭들이 이어지고 겹겹이 산으로 둘러싸인 곳. 신성한 산이 가끔 그 모습을 허락하는 곳. 우리는 이곳에서 조금 고독해지기로 했다.

새벽에 비가 왔다. 제법 쏟아질 것 같더니, 겨우 마당 풀밭만 적시고 그만이었다. 그러고는 안개의 바다. 아이는 정신없이 잠에 빠져 있었다. 나는 밖으로 나갔다. 안개가 나를 불러냈다. 안개를 바라보고, 안개를 마시고, 안개를 만졌다. 안개는 푸르름을 빨아들였다 뱉어냈다를 반복했다. 마치 살아있는 유령 같았다. 주변은 흑백사진이 되었다가 다시 컬러사진이 되었다. 아, 이 적막함이 목화솜 이불을 덮은 듯 포근했다.

사방은 여전히 고요했다. 5시면 일어나 움직이는 네팔리들이 아직까지 조용하다니. 부지런한 네팔리들이 나오기 전에, 나는 마음껏 안개 속을 걸어 다녔다. 촉촉한 클로버 잎들이 바스락 밟혔다. 오랜만의 고요함. 방콕에서부터 늘 사람들에게 둘러싸여 있었다. 그것도 아프리카에서 그렇게 그리웠던 한국사람들. 포카라도 한국사람 천지다. 이제는 사람들로부터 좀 떨어져 있을 때가 되었다. 우리 둘만 다녀도 편안한 네팔이니까. 아프리카와 아시아의 여행법은 다르다. 이제는 마음을 벼리며 긴장할 필요가 없었다. 어깨에 힘을 빼고서 느리게 천천히 그렇게 머물기만 하면 되었다. 그러나….

"악~~~!"

산책에서 돌아와 이불을 뒤집어쓴 채 일기를 쓰고 있었다. 언뜻 발목에서 뭔가 만져졌다. 머리카락이 쭈뼛 선다. 정신없이 그 '물컹한 무엇'을 떼어 던졌다. 으, 거머리다! 그것도 두 마리! 그 난리통에 아들이 일어났다. 그러면 뭐하나, 징그럽다며 쳐다보지도 않은 채 이불 속에 숨어버린 걸. '세상에 귀엽지 않은 동물이 없다더니 거머리는 제외더냐?' 약간 이성을 잃은 나는 운동화 짝으로 거머리를 내리쳤다. 동물 보호론자께서도 살생을 말리지는 않았다. 이미 빵빵하게 부푼 녀석들은 새빨

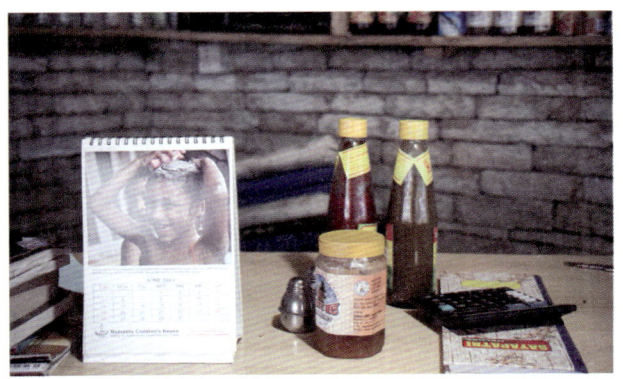

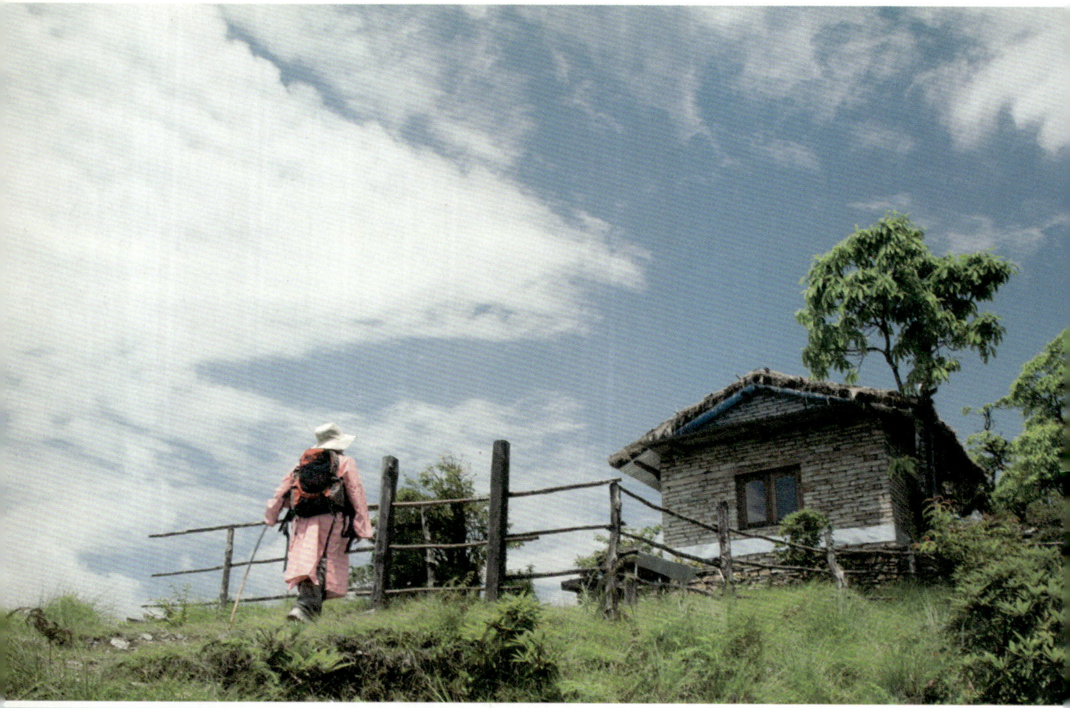

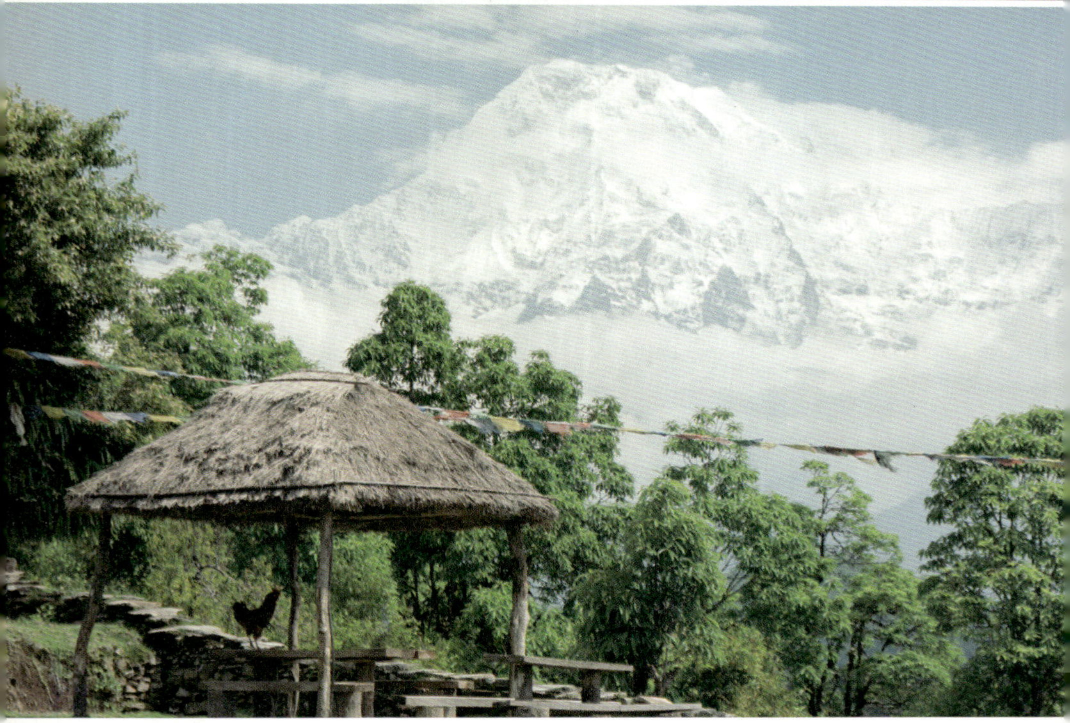

간 피를 내뿜었다. 정말 많이도 빨아 먹었구나.

거머리와의 사투가 끝나자 뒤늦게 비가 쏟아졌다. 시야는 다시 뿌옇게 흐려졌다. 산들이 온통 물기에 푹 젖었다. 양철 지붕에서 빗방울이 주루룩 줄지어 굴러내렸다. 화단의 노란 꽃은 고개를 빳빳이 들고 비를 맞았다. 좀 전에 찍은 호러 영화는 금방 잊었다. 우리는 비 오는 풍경을 바라보며 오믈렛과 밀크티를 마셨다. 형편없는 식사였지만 비 오는 운치가 더해져 괜찮았다.

이곳에서 나는 제주도의 용눈이오름을 떠올렸다. 그때도 아들과 함께 오름을 올랐다. 겨울, 바람은 부드럽고도 차가웠다. 바람이 없는 오름이 있을까? 오름에 부는 바람은 이미 오름과 한 몸이었다. 몇 발자국 올라서서 아까보다 조금 높은 자리에서 아래를 바라보았다. 조금씩 오를 때마다 같으면서도 다른 풍경. 조금씩 더 멀리, 더 많이 보이는. 그리고 하늘과 가까워지는. 나는 바람이 없는 안쪽 경사면에 앉았다. 능선 바깥쪽은 매섭게 바람이 휘몰아치는데 능선 안쪽은 잠잠했다. 햇볕도 따스했다.

우리보다 늦게 온 사람들조차 다 가버리고 오름에는 우리뿐이었다. 아들은 그대로 기다랗게 누워서 모자로 얼굴을 가리고는 진짜 잠들어버렸다. 나도 그 옆에 누웠다. 잔잔한 바람이 햇빛과 노닐었다. 풀들이 이리저리 쓸렸다. 푸르지도 않고 꽃도 없었지만 저 누런 풀이 참 부드러워 보였다. 그 자체로도 온전히 아름다웠다.

오름 위에 올려진 하늘을 물끄러미 바라보았다. 풀과 바람과 햇빛만 내려앉아 있는 곳. 부드러운 능선이 감싸는 곳. 아무 생각도 안 하고 그저 바람을 느끼고 햇볕을 쬐고 일렁이는 풀들의 곡선을 바라보았다.

'평온하구나.'

제주도에서 돌아온 뒤에도 가끔 눈을 감고 용눈이오름을 떠올렸다. 그 바람과 풀들이 느껴졌다. 용눈이오름은 내 작은 평온이었다.

발목의 상처와 함께 '산들의 고요함'을 품고서 레이크사이드로 돌아왔다.

살다 보면 언젠가 이 산의 고요함이 그리워질 때가 있겠지. 그러면 가슴 한 편에 고이 접어둔 이것을 가만히 펼쳐볼 테다. 눈을 감고 이 안개를 떠올리리라. 하얀 그 맛이 혀끝에 닿아오겠지. 얼굴을 감싸던 물기가 느껴지겠지. 푸르름을 삼켰다 내뱉는 그 마술이 보이겠지.

이 여행이 어디로 흘러갈지 알 수 없었고, 인생 또한 어느 길로 접어들지 알 수 없었다. 지금은 이 고요함만을 간직하면 되었다. 용눈이오름을 담아왔듯이 이 순간을 담아두리라.

그러니
걱정하지 않는다

Nepal, Pokara

국민학교 4, 5학년 때쯤이었을까. 앞뒤로 볼록한 브라운관 TV 속에서는 사람들이 하늘을 날고 있었다. 스카이다이빙. 작은 비행기에서 겁도 없이 뛰어내린 사람들은 팔다리를 거미처럼 벌린 채 하늘을 유영했다. '햐! 저런 것도 있구나.' 그들은 한없이 자유로워 보였다. 그때부터 나도 하늘을 날아보고 싶었다. TV든 영화든 하늘에서 뛰어내리는 사람들을 볼 때마다 내 가슴도 함께 뛰었다.

그러나 현실은? 서울대공원의 리프트도 무서워서 못 탄다. 아이가 여덟 살 때쯤인가, 세 식구가 같이 리프트를 탔다. 리프트에 올라앉을 때까지만 해도 멀쩡했다. 그런데 지상에서 붕 떠서 호수 위로 움직이자 나는 겁에 질리고 말았다. 안전용 그물을 쳐놓았지만 물 위를 지나가는 게 특히 무서웠다. 이러다 저 호수 속으로 풍덩 빠지는 건 아니겠지? 긴장해서 손잡이를 놓지 못하고 있는데 아들이 몸을 흔들며 장난을 쳤다. 요 녀석, 엄마가 무서워하는 줄 알고 일부러 그러는 것이었다. 그만하라고 소리를 질렀다. 아들과 남편은 아주 더 신이 났다. 내가 무서워하는 꼴이 꽤나 재밌었나 보다. 나도 내가 이리 무서워할 줄은 몰랐다.

지리산 자락에서 구름다리를 건널 때도 마찬가지였다. 지리산 밑으로 귀농을

153

한 친구가 있었다. 한새와 둘이서 그 먼 곳까지 놀러갔다. 친구는 지리산을 구경시켜준다고 가까운 계곡으로 데려갔다. 물소리 맑고 공기는 차고 기분 좋은 산책이었다. 그런데 계곡을 건너는 엉성한 다리 하나가 문제였다. 나무로 만들어 흔들흔들, 발밑은 뻥뻥 뚫린 구름다리. 친구와 그 집 아들들, 한새까지 벌써 다리를 다 건너갔다. 나는 다리 초입에서 외쳤다.

"나 못 건너가~ 너무 무서워!"

저쪽에서는 괜찮다고 건너오라고 난리였다. 아, 그 아우성에 다리를 건너기는 했지만 나는 완전히 공포에 질려버렸다.

그런 내가 포카라에서 하늘을 날고 있었다! 발 아래로 산비탈을 따라 계단식 밭들이 겹겹이 펼쳐져 있고, 하늘에는 히말라야 설산이 구름과 함께 솟아 있었다. 비 온 뒤라 공기가 맑고 깨끗했다. 바람이 끝내주게 시원했다! 이렇게 상쾌통쾌한 바람은 처음이었다. 목욕하듯 온 몸의 세포 하나하나를 씻어주는 맑은 바람!

호수 쪽으로 방향을 트니 구불구불 휘어진 강물과 논과 페와 호수Phewa Lake가 내려다보였다. 푸르름, 푸르름…. 아래로는 모든 것이 푸르렀다. 산도 논도 밭도 강도 호수도 모두 푸른 빛. 설산과 구름은 눈부시게 희고 하늘은 파랗다. 저편에서는 한새가 높이 날고 있었다.

그렇다. 산의 도시 포카라에서는 패러글라이딩을 할 수 있었다. 우리는 여행사 앞에서 지프를 타고 사랑곳으로 올라갔다. 드디어 탁 트인 산중턱. 여기가 패러글라이딩을 하는 절벽이다. 파일럿들은 차례차례 자기 장비를 펼쳐놓았다. 손님은 모두 다섯 명. 파일럿도 다섯이다.

첫 타자는 송한새! 장비를 착용하고 파일럿과 함께 단숨에 산 아래로 뛰어내

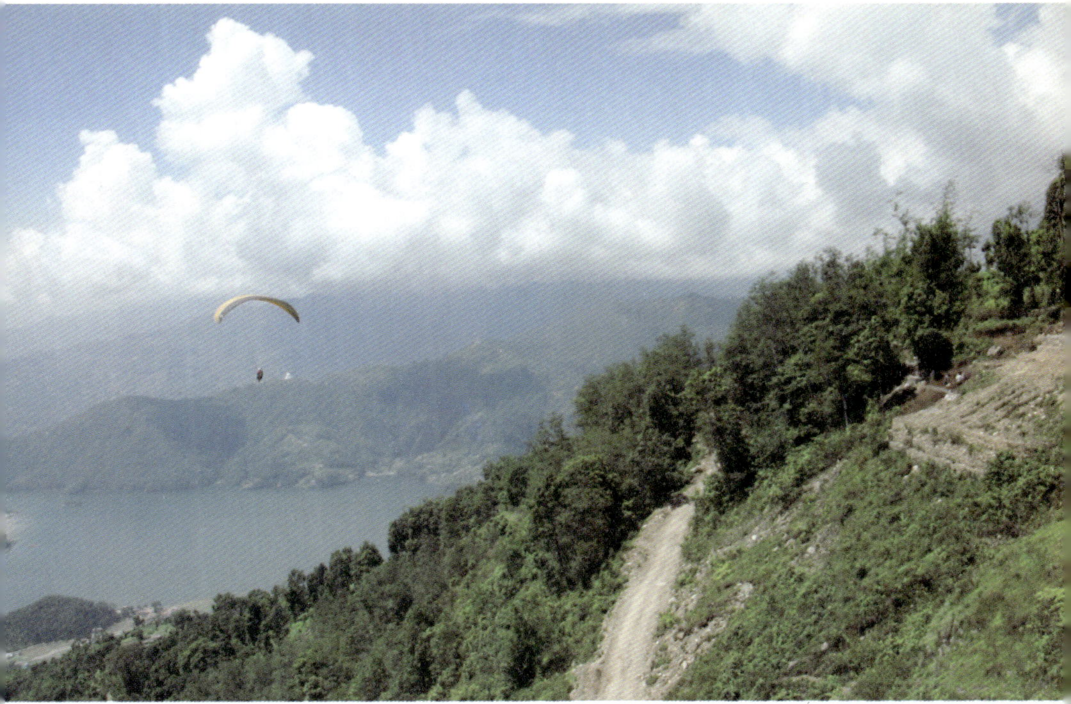
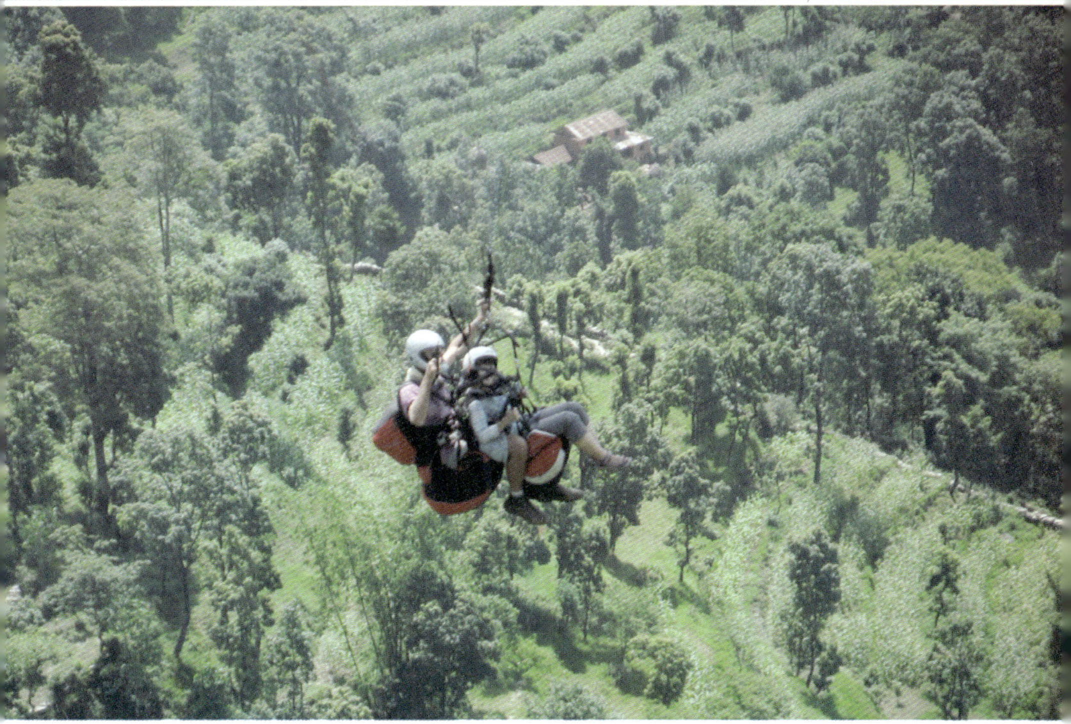

렸다.

"와우~~~!"

다들 탄성을 지르며 휘파람을 불어댔다. 첫 타자가 멋지게 비행을 시작하자, 다른 사람들도 하나하나 하늘로 날아올랐다. 드디어 내 차례. 파일럿은 의자처럼 생긴 장비에 나를 앉히고 팔, 다리, 가슴에 안전띠를 단단히 맸다. 그는 내 등 뒤에 앉아 둘을 연결했다. 그러고는 우리 두 사람이 절벽을 향해 몇 발자국 뛰어가자 금방 허공에 붕 떴다. 생각보다 쉽다! 아, 내가 하늘에 떠 있다니.

패러글라이딩을 할까 말까 망설이지는 않았다. 당연히 하고 싶었다. 물론 겁이 난 건 사실이었다. 리프트도 구름다리도 간신히 타는 주제가 아닌가. 그래도 이것만은 꼭 하고 싶었다. 이것만은 잘할 수 있을 것 같았다. 아무 근거도 없이 그런 예감이 들었다. 스카이다이빙이 있었다면 아마 그걸 했을 거다. 하지만 패러글라이딩도 괜찮아 보였다. 오스트레일리안 캠프에 같이 갔던 아가씨 두 명은 며칠 전에 패러글라이딩을 했다. 하늘에서 빙빙 돌리는데 토할 것 같고 겁이 잔뜩 났단다. 허나 그런 말을 듣고도 하늘을 날아보고자 하는 내 투지는 사라지지 않았다. 어쨌거나 한다! 문제는 날씨였다. 비가 오지 않고 바람이 적당히 불어줘야 가능했다. 히말라야 신들의 허락이 필요한 일이었다. 당일 새벽까지 비를 뿌려서 걱정을 했는데 다행히 날씨가 맑아졌다. '역시 우주의 손들이 나를 돕는군.'

머리가 희끗한 서양인 파일럿은 말이 없는 사람이었다. 무서워하는 나를 생각해서인지 천천히 날았다. 어릴 적 스카이다이빙을 본 이후로 늘 궁금했다. 하늘을 나는 기분은 어떨까? '무엇을 상상하든 그 이상이리라!'라는 광고문구는 사실이었다! 비행기에서 내려다볼 때보다 훨씬 가깝고 손에 잡힐 듯한 경치. 그리고 가장 마음에 드는 것은 영혼까지 시원해지는 이 바람! 내가 맛본 최고의 바람이었다. 이런 건 꿈에서는 결코 경험할 수 없다. 역시 꿈에서 나는 것보다 현실에서 나는 게 백만 배는 더 멋지다!

우연히 만난 누군가의 말만 듣고 무작정 와버린 네팔. 실은 우주의 손들이 나를 이끌었을 게다. 나는 의식하지 못했지만 우주가 나를 도와 여기까지 오게 한 것이다. 좋을 것 같은 예감, 할 수 있을 것 같은 예감. 나는 그걸 믿는다. 그건 우주의 속삭임이니까. 한국에서 여행을 준비할 때도 단 한순간 내 여행을 의심한 적이 없었다. 이 비행 역시 눈곱만큼도 의심하지 않았다.

설사 조금 실패한들 어떠리. 기회는 많다. 눈을 더 넓게 돌리기만 하면 된다. 우리 여정이 아프리카에서 방콕으로, 다시 네팔로 달라졌듯이 우리에겐 플랜 B가 있다. 그게 아니다 싶으면 플랜 C, 플랜 D. 밤하늘의 별처럼 수많은 선택이 우리를 기다리고 있다. 그러니 걱정하지 않는다.

"이제는 땅으로 내려갑니다."

"오케이."

착륙도 가벼웠다. 부드럽게 발이 땅에 닿았다. 내려온 사람들 모두 "Great! Amazing!"을 연발하며 흥분했다.

"와, 빙글빙글 돌면서 아래로 곤두박질칠 때 엄청 신기하고 짜릿했어! 파일럿이 그러는데, 실은 내가 바람을 실험하는 희생양이었대."

"니가 가장 젊어서 첫 타자로 뽑았나 보다. 덕분에 제일 오래 날았네."

"파일럿 자격증 따면 혼자서도 탈 수 있대. 나 그거 꼭 따서 다음번엔 혼자서 날 거야."

아이는 혼자서 날아볼 날을 야무지게 꿈꾸었다. 뭐든 꿈꾸는 건 다 좋다. 하늘을 나는 꿈을 이룬 날, 우리는 행복했다.

이미 그리운
미얀마

Nepal, Pokara

우리는 그녀를 '미얀마 걸'이라고 불렀다. 그렇다고 그이가 미얀마 사람인 건 아니다. 그럼에도 만날 때마다 '미얀마 찬양'을 읊어대는데, 그 얘기를 듣고 있노라면 당장 짐을 싸서 미얀마로 떠나야만 할 것 같았다. 그렇지 않으면 모두 유죄 판결이라도 받을 것만 같았다.

'아니, 아직도 미얀마를 가보지 않았단 말인가! 용서받지 못할 죄로다. 무기징역이 합당하나 특별히 초범임을 감안하여 피고를 징역 20년에 처하노라, 땅땅땅!'

그녀를 처음 본 건, 한국식당 '산촌다람쥐'에서였다. 그곳은 우리의 참새방앗간이었다. 일단 숙소보다 인터넷이 잘 터졌고, 포카라 인근으로 1, 2박의 짧은 여행을 계획할 때 쉽게 동행을 구할 수 있었다. 무엇보다 히말라야 트래킹의 전초기지였기 때문에 — 포카라에 오는 대부분의 여행자는 무조건 트래킹이 목적이므로 — 늘 사람들로 들끓었다. 앞서 이야기했듯이 우리는 네팔에 올 때부터 트래킹을 할 마음이 없었다. 그저 밥을 사먹고, 말상대할 새로운 얼굴들도 사귈 겸, 또는 일이 없어도 괜히 궁금해져서 아침저녁으로 참새방앗간에 들르곤 했다.

그날은 산촌다람쥐에서 루피 씨를 만났다. 여행 떠나기 전 한국에서 여행공부

모임을 했다. 일명 세계일주 스터디 클럽. 함께 여행 루트와 일정, 경비 등을 계획하고 경험자들에게 조언을 들었다. 루피 씨는 아내와 함께 1년간의 세계일주를 준비했고, 우리보다 며칠 먼저 여행을 떠났다.

"지금 히말라야 트래킹 마치고 포카라에서 쉬고 있어요.
산촌다람쥐에 있을 테니 혹시 포카라에 계신 분은 거기서 만나요!"

인터넷 카페에 이런 메시지가 떠 있었다. 오호라, 우리도 포카라에 있다구요! 다음날 저녁 '짜잔!' 하고 루피 씨와 감격의 상봉을 했다. 서울에서 보고 포카라에서 만나다! 루피 씨 부부 옆에는 일행 두 명이 같이 있었다. 한 사람은 프랑스인 아빠와 캄보디아인 엄마를 둔 청년 안소니 그리고 또 한 사람은 한국인 아가씨 J. 그녀가 미얀마 걸이다.

J는 '미얀마 홀릭'이었다. 이미 수차례 미얀마를 다녀왔고 현지인 친구들도 많았다. 그녀는 이주노동자들을 돕는 단체에서 일한다고 했다. 그러다 보니 자연스레 동남아 출신 친구들을 만났고, 미얀마와의 인연도 그렇게 시작되었다. 미얀마에서 온 친구가 '우리 집에 한번 놀러 와요.' 해서 간 것이 미얀마 사랑의 시작이었단다.

"인도에 비하면 여기 네팔도 천국이죠. 하지만 미얀마 같은 곳은 어디에도 없어요. 미얀마를 여러 번 가봤지만 단 한 번도 불쾌한 일을 겪어본 적이 없으니까요. 사람들이 너무나 순하고 착해서 꼭 친부모, 친형제 같아요. 아, 정말 미얀마에 꼭 가보셔야 하는데."

그녀는 눈만 마주치면 미얀마 노래를 불렀다.

루피 씨 일행을 만난 다음 날, 우리는 다 같이 피자를 먹으러 갔다. 10여 년간 한국에서 일하며 돈을 벌어 금의환향했다는 사내가 주인장이었다. 그는 레이크사이드에 번듯한 피자집을 낸 성황 중이었다. 그야말로 코리안 드림의 산증인이다.

피자 도우는 두껍고 토핑은 평범했지만, 포카라에서 피자 맛을 볼 수 있다는 것만으로도 감지덕지다. 여기서도 J의 미얀마 찬양은 계속되었다. 게다가 갑자기 뒷 테이블에 앉아 있던 파란 눈의 아가씨까지 맞장구를 치며 끼어들었다.

"아, 미얀마! 나도 미얀마를 갔었죠. 사람들이 정말정말 친절해요. 그렇게 친절한 사람들은 어느 나라에도 없다니까요! 미얀마에 꼭 가보세요! 난 지금도 다시 가고 싶어요."

며칠 뒤 루피 씨 부부는 떠났고, 우리 셋은 느긋하게 페와 호수로 보트를 타러 갔다. 한새와 J가 보트 양 끝에 앉아 번갈아 뱃사공이 되었다. 나는 비교적 연장자

이므로 가운데 편안히 앉아 있기로 했다. J는 노 젓는 게 재밌어 죽겠다는 얼굴이 었다.

 레이크사이드 길거리에는 히말라야 사진이 지천이다. 마차푸차레와 안나푸르나가 호수에 비치는 모습은 아름다웠지만 그건 사진일 뿐 페와 호수는 상상했던 만큼 '맑고 투명한' 호수는 아니었다. 우기여서 그랬을까? 호수는 뿌연 데다 모기들이 드글거렸다. 그래도 다행히 노를 저어 한가운데로 들어가자 물색이 맑아졌다. J는 어떤 상황에서건 '보시기에 모든 게 다 좋았더라'인 사람이다. 그저 작은 보트 안에서도 마냥 행복해했다. 그녀라면 아프리카에서도 웃고만 다녔을 것 같다. J에

게 '나쁜 장소'라는 게 있기나 할까?

J와 한새, 두 명의 사공은 쿵짝이 척척 맞았다. 사공이 많아도 배는 산으로 안 가고 호수를 잘만 돌았다. 그런데 사실 우리는 이미 보트를 타보았다. 역시 한국 식당에서 만난 한 무리의 여행자들과 함께였다. 아이는 처음부터 이들을 내켜하지 않았다. 일단 애들도 아닌 성인들이 요란하게 몰려다니는 걸 마땅찮아 했다. 결정적인 건 보트를 타러 갔을 때였다. 우리 모자를 포함해서 남자가 네 명, 여자가 네 명이었으니, 보트 두 척을 빌리면 딱 맞았다. 헌데 그 팔팔한 20대 청년 세 명이 아무도 제 손으로 노를 젓지 않겠다고 했다. 직접 노를 젓겠다는 남자(!)는

오직 한새뿐이었다. 현지인 사공 삯이 50루피밖에 안 하는데 뭐 하러 귀찮은 일을 직접 하냐는 얘기였다. 그 모습에 아이는 입이 떡 벌어지게 놀랐다. '이럴 거면 도대체 형들은 왜 여행을 온 건데?'라는 눈빛을 보냈지만 아무도 그 뜻을 알아차리지는 못했다.

반면 한새는 '한국 누나들'은 대부분 마음에 들어했다. 용감하게 혼자서 여행을 떠나온 이들은 여자들이 많았다. 그녀들은 상대를 배려할 줄 알았고 심지어 의리까지 갖추었다. 이런 멋진 친구들을 어찌 좋아하지 않을 수 있으리.

"저렇게 '괜찮은' 한국 여자들이 한국으로 돌아가면 '찌질한' 한국 남자들과 결혼을 해야 하다니! 이것 참 안된 일이야, 쯔쯧쯧… 나도 한국 남자인데 물들까봐 걱정이다."

"아들, 넌 절대 물들지 말고 꿋꿋이 자라서 '멋진 한국 남자'가 되거라!"

나도 비장하게 한마디를 남겼다.

우리는 J를 만난 뒤에 곧바로 '미얀마교'에 투신했으므로 다음 여행지는 생각할 것도 없었다. 그녀의 '사랑스런 미얀마'는 우리에게도 '이미 그리운 미얀마'가 되어버렸으니까. 네팔에서 한 달을 보내고 방콕으로 돌아가면, 우리는 '현존하는 진짜 미얀마'로 다시 떠날 것이었다.

포카라의
나날들

Nepal, Pokara

레이크사이드 북쪽 끝 호숫가에 와 있
다. 아침부터 비가 오고 날이 흐려서 좋
았다. 비 오는 날을 반기는 이유는 오직
덥지 않아서다! 우리는 이때다 싶어 호
숫가 북쪽을 가보기로 했다(우리는 레이크
사이드의 중간쯤에 머물고 있었다). 거기에는
'미얀마 걸'이 알려준 카페가 있다. 커피
가 맛있다는 곳.

　커피는 물론, 음식 맛도 훌륭했다.
메뉴 중 'Simple Breakfast'를 시켰는
데 진짜 제대로 나왔다. 직접 만든 쨈에
질 좋은 버터. 가장 반가웠던 것은 토스
트 식빵! 두툼하고 부드러운 잡곡 식빵
을 딱 알맞게 구웠다. 네팔에서 '진짜 식

빵'은 처음이다. 흐뭇했다. 값도 저렴해 곧 단골식당이 되었다. 진작에 와볼걸, 멀다고 덥다고 미룬 게 아쉬웠다. 포카라에 오래 있기 때문일까? 아님 아프리카에서 굶었던 게 질려서일까? '먹는다는 것'에 큰 의미를 두게 되었다. 싸고 맛있는 음식, 그것이 여행자에게 얼마나 큰 축복인지!

포카라에 머문 19일. 여기서는 그냥 쉬는 게 일이다. 물론 네팔에서 갈 곳은 많았다. 문제는 이 계절. 우기인지라 남쪽 지방은 40도가 넘는다나? 너무 더워서 어딜 갈 엄두가 나질 않았다. 우리는 그저 처마 밑 고양이처럼 밥 때가 되면 어슬렁 숙소를 기어나간다. 밥을 먹고 나면 각자 일기를 쓴다. 간혹 인터넷이 잘 터지는 날이면 한새는 사진을 정리한다. 그렇게 몇 시간의 긴 식사를 마치면 우리는 다시 어슬렁 숙소로 향한다.

특히 아침에는 꼭 하는 의식이 있다. 바로 네팔 차인 '찌아'를 마시는 것. 인도 짜이와 거의 똑같다. 그럴싸한 레스토랑에서는 티백으로 우린 찌아를 내놓는다. 지붕만 간신히 얹은 허술한 식당이나 길거리 노점에서는 알갱이 차로 찌아를 끓여낸다. 하루는 일부러 아침 일찍 나가 노점 손수레에서 파는 찌아를 먹어 봤다. 길에서 끓여 파는 이런 찌아가 제일로 맛있다고 어떤 네팔리가 일러주었기 때문이다. 우유 반 물 반을 양철 주전자에 담고, 좁쌀 알갱이 같은 차를 한 스푼 넣어서 진하게 팔팔 끓인 다음에 설탕을 두 스푼쯤 넣어 달달하게 마시는 것이 정석이다. 참, 이때 노점 주인은 꼭 손잡이 없는 조그만 유리컵에 찌아를 따라 준다. 뜨거운 유리컵을 손가락 끝으로 잡고서 후후 식혀가며 먹는 거다.

처음에는 여행이 끝나는 날까지 실시간으로 블로그에 포스팅을 할 계획이었다. 하지만 막상 해보니 대단히 무리한 일이었다. 돈도 시간도 에너지도 많이 들었다. 무엇보다 편히 쉴 수가 없었다. 인터넷 연결이 좀 된다 싶으면 무조건 포스팅

DAY RAFTING
DAY CANYONING
DENTAL
DENTAL CLINIC

ALTA VISTA
Wait For Signal
SUZUKI

에 매달려야 했으니. 넷북으로 사진을 정리하는 것도 보통일이 아니었다. 아들 말로는 한국에서 5분이면 될 것을 여기서는 2시간이 걸린단다. 네팔의 인터넷은 아프리카보다 못해서 아예 마음을 비워버렸다. 네팔은 원래 쉬려고 온 거니까 차라리 잘된 일이었다.

오며 가며 '산촌다람쥐'에 들러 어제 만난 이들이 아직도 있는지, 새 얼굴이 들어왔는지 확인하는 것도 빼먹을 수 없는 일과다. 사람들과 수다를 떨다가 내일은 어디어디 ― 사랑꽃이나 오스트레일리안 캠프나 페와 호수나 패러글라이딩 ―를 같이 가자고 작당을 하기도 한다. 누군가 맛난 식당이 있다고 귀띔을 해주면 '아싸!' 하고 찾아간다. 단, 우리에게 나이트 라이프는 없다. 아들은 나이트 라이프를 즐기기에는 아직 어리고 나는 너무 나이가 많았다. 솔직히 관심도 별로 없다. 밤에는 그저 숙면을 원할 뿐.

숙소 앞에는 빨래를 해주는 집이 있었다. 네팔 물가가 워낙 싸다 보니 빨래를 모아놓았다가 한꺼번에 맡기곤 했다. 그 집 주인은 장사 수단이 좋았다. 한국인은 자기와 같은 몽골리안이다, 그러므로 우리는 형제나 마찬가지다, 형제인 당신들에게는 특별히 싼 가격에 해주겠다는 둥 우리를 꼬드겼다. 과장되게 껄껄 웃으며 말하는 그를 딱히 거절할 이유는 없었다. 그러던 어느 날 주인은 없고 그 집 딸로 보이는 젊은 아가씨가 빨래를 받았다. 오마나, 그 딸이 부르는 가격이 이제까지 냈던 값보다 훨씬 싸지 않은가! 몽골리안 운운하며 그는 우리에게 바가지를 씌웠던 것이다. 어딜 가나 웃는 얼굴 뒤로 바가지를 옴팡 씌우는 사람들이 있다. 네팔이라고 다를까. 하지만 이 정도야 애교에 가깝지. 다시 교훈 하나! 지나치게 허풍떠는 사람은 조심할 것.

포카라에서 놀란 일은 여행자의 반이 한국인이라는 사실이었다. 주말이면 전국의 산들이 등산객으로 미어터지는 산악국가의 국민들답게, 모두들 히말라야 트래킹을 하기 위해서 모여들었다. 우기여도 상관없었다. 그들에게 우리는 트래킹을 할 생각이 없다고 하면 하나같이 똑같은 반응을 보였다. 포카라에서는 '반드시 트래킹을 해야 한다'며 침을 튀기는 것. 어쨌거나 트래킹 천국이라는 포카라에서 트래킹을 안 하는 사람 한 둘 정도 있는 것도 재밌지 않나? '뭘 그리들 놀라슈?' 하는 표정으로 나는 말했다.

"그냥 푸~욱 쉬려구요."

가장 놀랐던 건 한국말에 능숙한 네팔리 역시 많다는 것. 한국인 여행자가 많은 만큼 한국어를 할 줄 아는 네팔리도 많았다. 오스트레일리안 캠프 가는 산길에서 웬 젊은 아낙이 유창한 한국어로 말을 걸지 않나, 근처 작은 동네를 가도 한둘 쯤에게서는 한국말이 튀어나오질 않나. 네팔의 제1외국어 자리는 한국어가 차지한 것 같았다. 카트만두에서 듣기로 한국어 시험에 몇 만의 응시자들이 몰린다고 했다. 그들은 너도 나도 코리안 드림을 꿈꾼다. 그중 피자집 사장처럼 그 꿈을 이루고 금의환향할 사람은 얼마나 될까.

날이 점점 본격적인 우기로 접어든다. 카트만두로 돌아갈 날이 다가오고 있었다. 이 호숫가에서 스쳐 지나간 이들을 생각한다. 사랑꽃에, 오스트레일리안 캠프에 같이 갔던 사람들, 같이 패러글라이딩을 했던 사람들, 같이 보트를 탔던 사람들, 같이 밥을 먹었던 사람들, 같은 숙소에 묵었던 사람들, 같이 엽서를 사고 모자를 골랐던 사람들, 그리고 누군가 카트만두로 돌아가는 버스를 같이 탈 사람들. 그들 모두를 기억하리. 이 호숫가의 날들도 잊지 않으리.

이름을
물어볼 걸

"모두 얼마예요?"

식당에서 이렇게 물어보는 사람은 당연히 손님이겠지. 허나 여기서는 반대였
다. 주인 입에서 나오는 말이었으니. 손님, 즉 우리는 당연하다는 듯 음식 값을
알려준 뒤 돈을 냈다. 뭐 이런 식당이 다 있냐고? 그런데 그런 식당이 있었다. 푸
하하.

포카라에 머무는 한국인이라면 '소비따네'를 한 번씩은 가보았을 것이다. 아니
실은 거의 매일 간다는 게 맞다. '소비따네'는 네팔리 가족이 운영하는 한국식당이
다. 처음에는 한국인이 식당을 열었는데 이 부부는 그곳의 직원이었단다. 그때 한
국음식 만드는 법을 배웠고 나중에는 부부가 식당을 넘겨받았다고 한다.

네팔까지 와서 굳이 한국음식을 먹고 싶었던 건 아니었다. 음식에 관한 한 '현
지에서는 현지 음식을 먹는다'가 기본이었다. 어느 나라를 가든 일부러 한국식당을
찾아다니지는 않았다. 그럼에도 불구하고 '소비따네'는 우리의 단골이 되었다. 놀
랍게도 네팔 음식보다 훨씬 저렴하고, 꼭 한국사람이 만든 것처럼 맛을 냈다. 싸고
도 맛있다. 뭘 더 바라리.

  골목 중간에 지나치기 쉬운 허술한 점포. 그 앞에 한글로 '소비따네'라고 적혀
있었다. 시멘트벽과 천장. 선풍기도 달랑 한 대. 그것도 일부러 틀어달라고 부탁을
해야 겨우 바람 한 점 쐴 수 있었다. 그나마 아무 말도 안 하면 그냥 찜통을 견뎌야
했다. 앉은뱅이 탁자가 놓여있는 홀 안쪽의 낡은 커튼 뒤, 어둠침침한 공간에 이
식당의 주방과 살림방이 자리했다. 네팔은 음식문화가 그리 다양하지 못해 커리의
일종인 달밧 외에 딱히 먹을 만한 게 없었다. 그래서 소비따네를 더 자주 갔다.

  매일 드나들다 보니 주인아줌마는 아예 계산을 우리에게 맡겼다. 자신은 음식만
만들어 갖다 주고 음식 값은 우리에게 물어본다. 계산을 이 한국사람들에게 맡기는

게 더 정확하고 빨라서였는지도 모르겠다. 어릴 때부터 열심히 연산을 연습한 관계로다가 한국인이 계산 하나는 빠르지 않나. 어쨌거나 처음에는 이런 상황이 황당하고 웃겼다. 몇 번 그러다 보니 미리 계산을 해놓고 알려주는 게 당연해졌다.

한새는 지금도 소비따네 이야기만 나오면 억울해한다. 그날은 사랑꽂에 갔다가 내려온 날이었다. 더위에 지쳐서 무조건 맥주 한 병을 시켰다. 이 집 냉장고는 약간 고장이 났는지 맥주가 살짝 얼어서 나왔다. 1박 2일 땀을 흘리고 살얼음 진 맥주를 마시는데, 그래, 딱 구름 위에 앉아 있는 기분이었다. 에베레스트 맥주와 제육볶음을 합한 맛은 음~ 설명불가! 이때 아이는 배탈이 나 일주일이 넘게 매운 음식을 못 먹고 있었다. 눈앞에 좋아하는 제육볶음이 있는데 그림의 떡이니 얼마나 속이 탔을꼬. 먹을 거라면 자다가도 벌떡 일어나는 아이인데. 그래서 아들에게 소비따네는 가슴 아픈(?) 추억이 있는 곳이다.

주인아줌마는 한국말을 제법 잘했다. 주문을 할 때도 밥값을 계산할 때도 한국말로 하면 되었다. 메뉴판도 물론 한글로 써져 있었다. 가장 인기 있는 메뉴는 꽁

치김치찌개와 돼지불고기. 서빙은 주로 아내가 했고 남편은 웬만하면 안쪽 주방에 머물렀다. 남편은 좀 수줍어하는 듯 보였다. 아이들은 야무져 보이는 아들과 '나 착해요'라고 얼굴에 쓰여 있는 큰 딸, 아무에게나 떼를 쓰는 막내딸. 모두 셋이다.

온 식구가 어찌나 막내딸을 예뻐하는지 척 봐도 버릇없는 애기 티가 줄줄 났다. 가게에 드나드는 외국인을 하도 봐서인지 겁내거나 신기해하지도 않았다. 동네 사람이건 손님이건 당연히 자기와 놀아주는 줄로 아는 녀석. 아직 말을 못 하지만 손가락으로 이것저것을 가리키며 대령하라고 명령하곤 했다. 언니는 그런 동생을 달래고 안아주면서 마치 엄마처럼 돌보았다. 어린 동생을 포대기로 업고 다니던 1970년대 바가지머리 언니들, 큰 딸은 그 애들을 닮았다.

하루는 막내딸과 엄마 사진을 찍어주었다. 우리는 소형 포토 프린터를 가지고 다녔다. 즉석에서 사진을 뽑아서 주니 그녀는 함박꽃처럼 웃었다. 다음 날부터는 서비스도 달라졌다. 처음에도 친절했지만 이제는 덤으로 김치부침개를 척척 갖다 준다. 흐흐흐.

포카라를 떠나기 며칠 전. 가족사진을 찍어주기로 했다. 그녀는 신이 나서 딸내미들 머리를 빗기고 옷을 갈아입혔다. 곧이어 자신도 알록달록한 새 옷으로 차려입고 나왔다. 그런데 남편이 이상했다. 그는 처음부터 뭔가 못마땅한 얼굴이었다. 아내에게 뭐라고 퉁명스럽게 몇 마디 하더니 어디론가 가버렸다. 기다려도 남편은 오지 않고 결국 가족사진은 찍지 못했다.

뭐가 문제였을까? 우리가 무슨 실수라도 한 걸까? 아니면 그의 자존심을 건드렸나? 사내들의 똥고집은 나라를 불문하고 이해할 수가 없다. 상대가 원하지 않는 친절을 베풀 수는 없는 일. 아줌마의 손에는 막내딸을 안고 찍은 사진만 남게 되었다. 그리고 마냥 아쉬워하던 그 표정. 지금 생각하면 엄마와 아이들만이라도 찍어

줄 걸 그랬다. 싫은 사람은 빠지라지, 흥.

그렇게 드나들었는데도 아줌마 이름을 물어보지 않았다. 실은 물어볼 생각도 못했다. 그녀는 나를 믿고 항상 계산을 맡겼다. 나도 그녀가 해주는 밥을 매일 먹었다. 주부에게 최고로 맛있는 밥은 바로 남이 해주는 밥. 늘 요리를 해야 하는 입장에서 받아먹는 입장으로 살아보니 재미가 쏠쏠했다.

분명 식당 주인과 손님 사이만은 아니었다. 우리는 충분히 친구가 될 수도 있었다. 이름도 물어보고, 장사는 잘 되는지, 아들딸은 공부를 열심히 하는지, 나는 그런 이야기를 나누지 못했다. 주방에 따라 들어가 원조 김치찌개 만드는 법을 가르쳐줄 수도 있었다. 이래 뵈도 주부생활 16년차, 이력은 좀 되지 않았나. 한국말이 길어지면 그녀가 알아듣지 못했지만, 그래도 짧은 영어로라도 얼마든지 대화를 할 수는 있었다. 사실 서로 영어 못 하는 사람들끼리 뜻은 더 잘 통한다.

여행을 떠나오기 전에도, 여행을 다니면서도, 나는 늘 현지인 친구를 사귀고 싶었다. 가끔 그들과 금방 친구가 되는 사람을 만나곤 했다. 그게 부럽고도 신기했다. 포카라에서 19일. 나에게도 그럴 수 있는 순간이 매일 있었는데, 그걸 알아채지 못했다. 왜였을까? 같은 여행자에게는 말도 잘 걸고 곧잘 친해지기도 했다. 하지만 아프리카 후유증으로 장사하는 사람과는 친구가 될 수 없다는 선입견이 생겨버렸나? 넉살좋게 이 나라 사람들 속으로 들어가기엔 아직 얼뜨기 여행자였을까? 여행 경험이 더 쌓이면 자연스레 그 나라 사람들을 사귀게 될까? 내 가슴이 활짝 열리지 못했다는 것만은 확실했다.

이 여행을 좀 더 하고 나서 내 안의 설익은 무엇이 충분히 무르익을 때, 그때는 친구를 놓치지 않겠지. 괜찮아, 다음엔 더 나아질 거야. 언젠가 다시 만난다면 그녀는 우리를 기억할까? 그때는 꼭 이름을 물어봐야지. 서로 눈을 들여다보며 긴 수다를 떨어봐야지.

한새 says 그때 맥주를 마시고 있던 엄마의 모습을 지금도 잊을 수가 없어요. 화장실에 잠깐 갔다 오는 사이에 엄마는 벌써 에베레스트 맥주를 한 잔 들이켜고 계셨는데, 아우~ 그 표정이! 아주 흐뭇해서 쓰러지시겠더라니까요? 엄마, 그게 그렇게 맛있었어? 아들은 배탈이 나서 밥도 못 먹는데 혼자서 제육볶음까지 다 먹고 말이야.

이럴 거면
돌아가!

누구나 네팔에서 처음 만나는 도시는 카트만두다. 수도인 데다 공항이 있으니 당연하다. 우리도 처음 네팔로 들어올 때 카트만두에서 며칠을 보냈다.

네팔의 여행자 대부분처럼 우리도 여행자 거리 타멜에 방을 잡았다. 타멜은 여러 개의 골목들이 연결되어 있었다. 숙소, 식당, 카페, 헌책방은 물론이요, 네팔의 전통 문양을 수놓은 스웨이드 가방, 펠트 천으로 만든 알록달록한 덧신과 앙증맞은 가방들도 어찌나 예쁜지 지나다닐 때마다 들여다보곤 했다.

타멜을 벗어나 더 걸어가면 훨씬 복잡한 골목들이 나온다. 이곳에 시장인 어쌈 바자가 자리해 있다. 망고, 오이, 토마토, 사원에 바칠 노랗고 붉은 꽃까지, 없는 것 빼곤 다 있다. 상인들은 납작한 접시처럼 생긴 저울에 채소의 무게를 달았다. 시장에서 만나는 여인들은 모두 색이 화려한 전통복을 입고 있었는데, 시장 특유의 생기와 소란스러움이 그들과 잘 어울렸다.

우리는 타멜로 돌아올 때마다 종종 길을 잃곤 했다. 여기에서 두르바르 광장을 찾아가려면 단단히 각오를 해야 한다. 여행자 거리와 멀어질수록 골목은 더욱 얽히고설켜 미로 그 자체였다. 두르바르 광장 안에는 시바신에게 바치는 사원들이

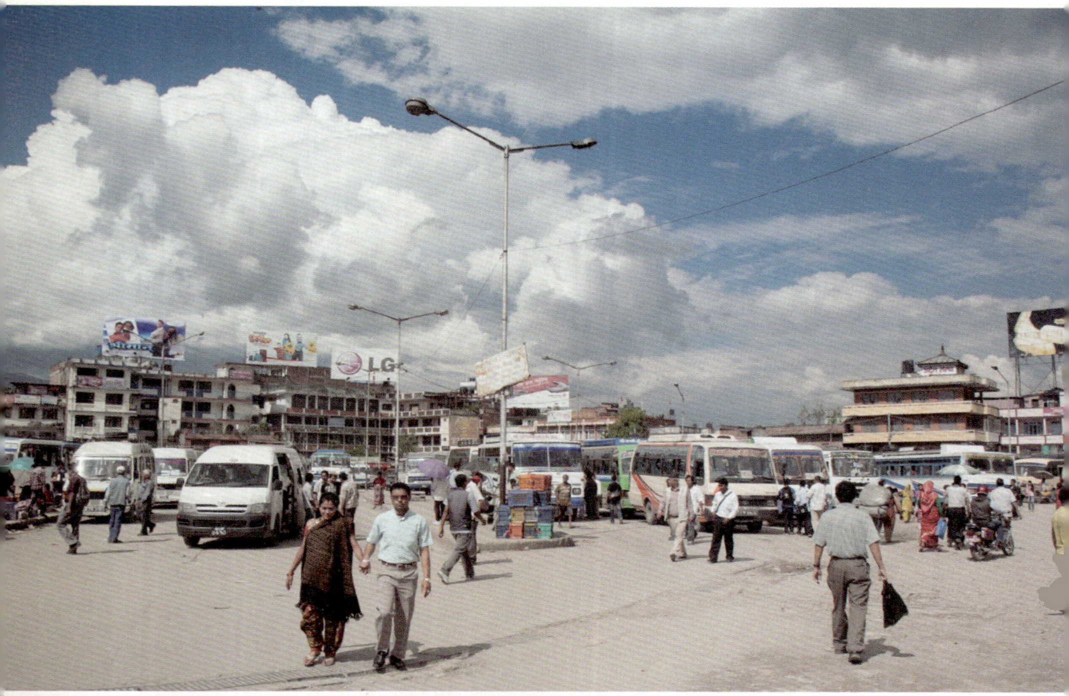
LG

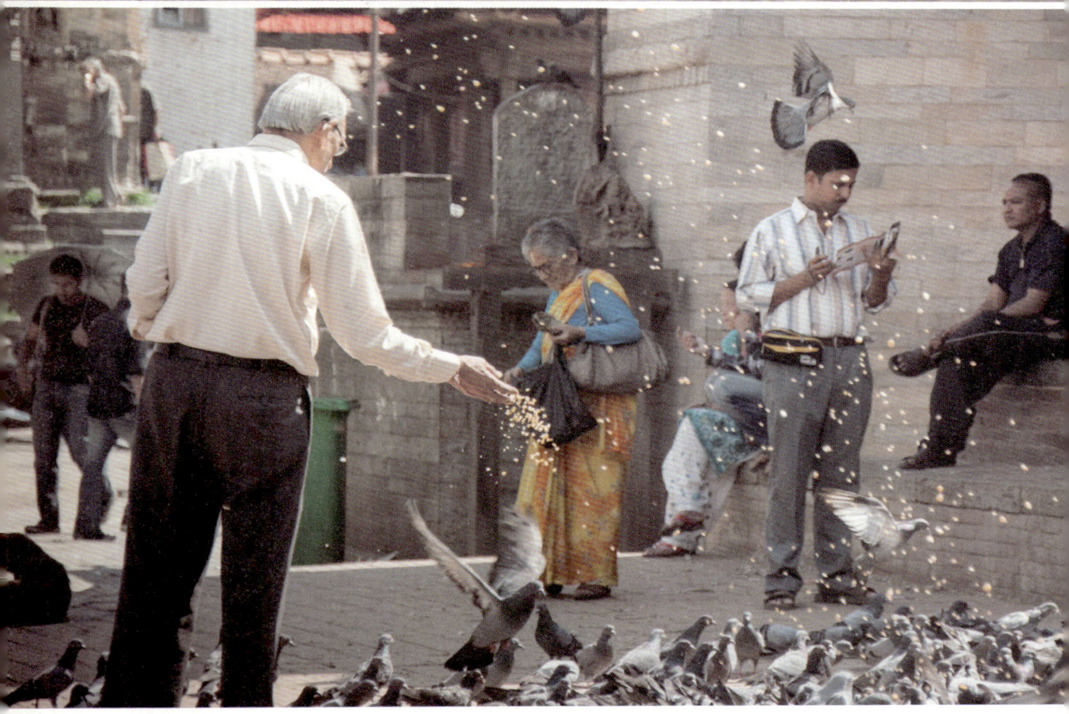

있다. 사원 외벽의 조각들이 꽤나 정교한데 이걸 보면 앙코르와트가 생각난다.

현재의 앙코르와트가 오직 신들만이 존재하는 공간이라면 카트만두의 사원은 여전히 신들과 인간이 소통하는 장소다. 버터램프를 켜고 기도하는 사람들, 신들에게 바치는 꽃다발들, 신을 형상화한 조각의 입에는 붉은 칠과 밥풀이 묻어 있다. 그뿐인가. 사람들은 비둘기 먹이를 주고, 길에서 사는 소에게도 음식 찌꺼기를 나누어준다. 신들과 인간 그리고 동물들까지 공존하는 가장 네팔다운 성소.

그러나 얼마 못 버티고 떠나게 되는 곳 역시 카트만두다. 도시의 매연이 상상을 초월하게 심각하다. 외국에서 수입해온 낡은 차들과 시커먼 연기가 나오는 질 나쁜 연료 때문이다. 거기에다 흙먼지까지. 밖으로 나서면 눈과 코와 목이 아파서 최대한 빨리 숙소로 돌아가고 싶어진다. 사람들로 가득한 골목길에 차들과 오토바이, 릭샤, 자전거 그리고 소들이 뒤엉켜 정신없다. 여기서 빵빵 저기서 빵빵. 길을 걸으려면 앞, 뒤, 양 옆을 동시에 살펴야 한다. 걷는다는 게 대단한 미션이 된다. 처음 도착한 여행자는 이 소란스러움에 그야말로 혼이 쏙 빠진다. 네팔에 오는 여행자의 99퍼센트는 히말라야 트래킹이 목적이므로 카트만두에 오래 머물 이유가 없다. 이래저래 얼른 포카라로 떠나버리는 것이다.

우리는 이 도시로 다시 돌아왔다. 포카라에서 19일을 보낸 뒤였다. 19일 전과 같이 카트만두는 여전하고 타멜도 여전했다. 어느새 여행을 떠난 지 70일이 넘었다. 카트만두에 돌아오고 나서부터 아들의 태도가 수상쩍었다. 사소한 일에 자꾸 짜증을 냈다. 엄마가 작은 실수라도 하면 얼마나 구박을 하는지 모른다. 가벼운 말다툼이 몇 번 오갔다. 건방진 아들의 태도가 점점 거슬렸다.

아이는 타멜에서 꼭 필요한 일이 아니면 길에 나가는 걸 싫어했다. 날은 덥고 늘 그렇듯 거리는 걷는 자체가 고역이었으니까. 한적한 포카라에서 쉬다가 복잡한 카트만두로 돌아오니, 더 적응하기 힘들어하는 것 같았다. 하루는 둘이서 슈퍼마켓에 물건 몇 가지를 사러 갔다. 숙소에 돌아와 보니 무언가를 하나 빼먹었다. 아들에게 다시 가서 사오라고 시켰다. 아이는 가지 않겠다며 무지막지하게 화를 냈다. 그동안의 모든 스트레스가 한꺼번에 폭발하는 듯했다. 이런 일 저런 일을 다 들추며 온갖 신경질이 터져 나왔다. 한번 터지기 시작하자 이제 나는 아이에게 더 이상 엄마가 아니었다. 할 줄 아는 게 없는 실수투성이의 구박덩어리가 되었다.

여행을 떠나오기 전부터 엄마를 슬쩍 무시하는 경향이 있었다. 주변에서는 다른 집에 비하면 아무것도 아니라고 했다. 천성이 순한 아이지만 그래도 사춘기의 바람을 피해갈 수는 없는 법. 집에서부터 시작된 삐딱함은 여행하는 동안 절대 자기 고집을 꺾지 않는 것으로 발전했다. 엄마의 직감과 경륜을 무시한 결과는 매번 '더 많은 고생'으로 이어졌다. 그런데 이제는 아주 엄마 머리 꼭대기에 앉아있는 지경이 되었다. '사춘기 아이와는 논리싸움을 하지 말라'는 조언을 들은 적이 있다. 부모가 무슨 말을 해도 아이는 수백 가지 자기만의 이유를 들이댈 것이기 때문이다. 그런 상태에서 대화란 불가능하다. 아이는 이미 터지는 화산이었고, 나역시 저 속에서부터 용암이 부글부글 끓어오르고 있었다. 그 순간 이성의 끈이 탁 끊어졌다.

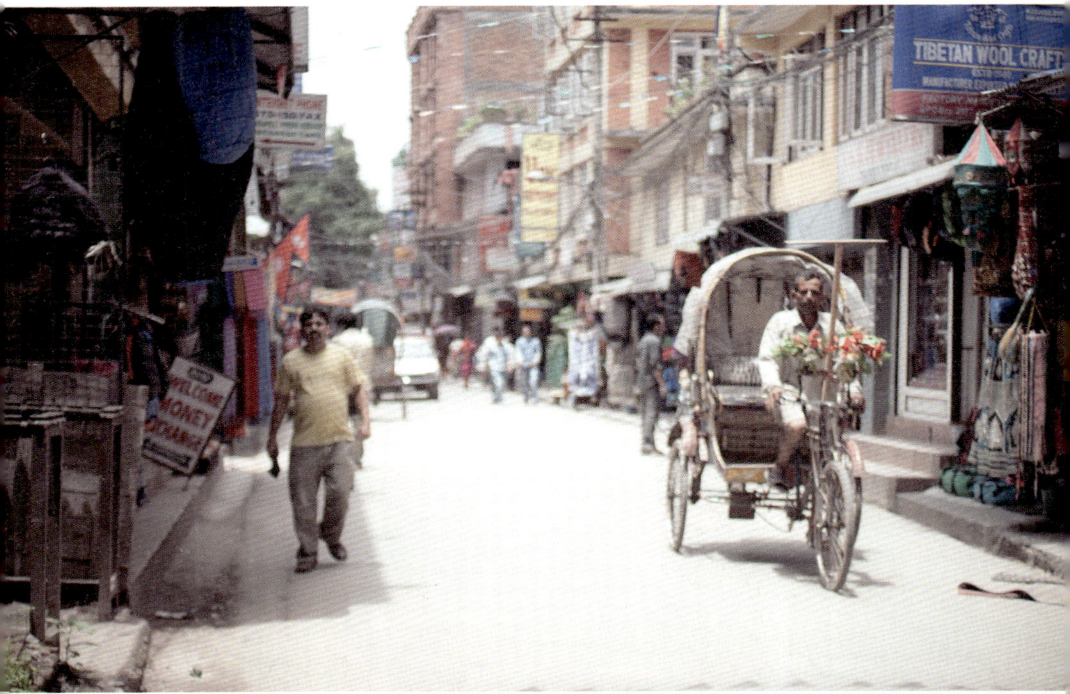
TIBETAN WOOL CRAFT
MONEY

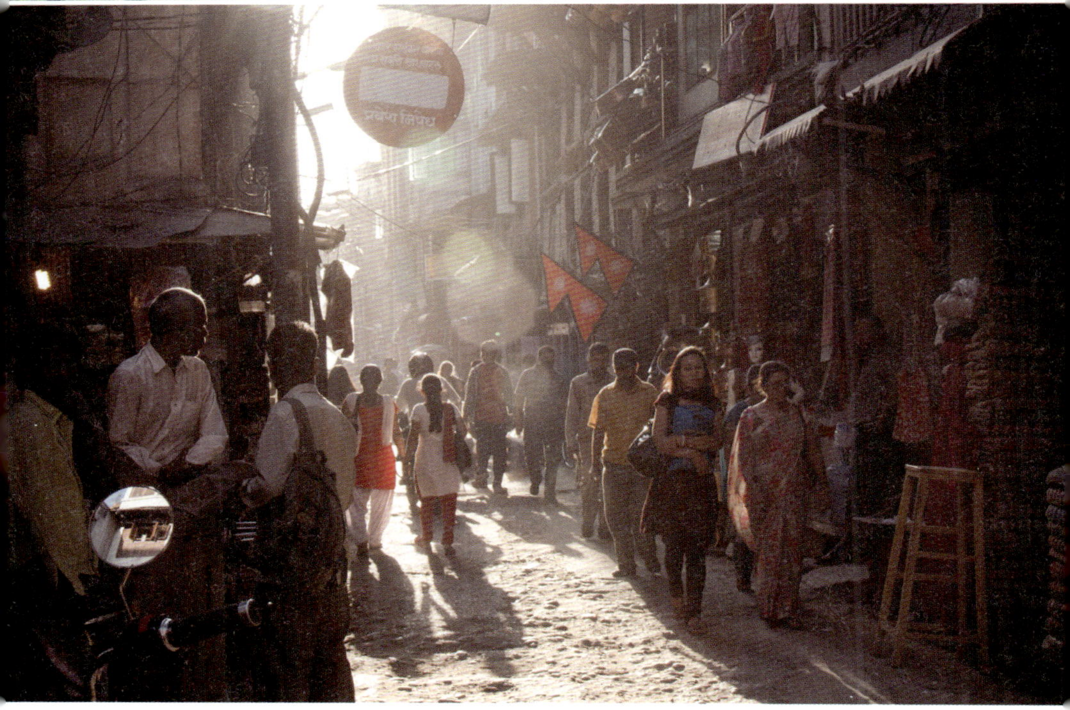

"엄마는 엄마지 니 친구가 아니야! 나이가 몇이라고 벌써부터 엄마에게 이렇게 함부로 굴어? 이런 식으로 할 거면 너 혼자 한국으로 돌아가! 앞으로 한 시간을 줄 거야. 그동안 잘 생각해봐라. 이대로 너 혼자 돌아갈 건지, 엄마를 존중하면서 여행을 계속 할 건지. 결정 끝나면 와서 얘기해."

평소와는 다르게 일방적인 통보였다. 나는 정말 아이를 돌려보낼 수도 있다고 생각했다. 사실 아이가 선택할 수 있는 것은 뻔하지 않은가. 이런 상황이니, 나는 아이가 나만큼 심각하게 고민을 할 줄 알았다. 혹은 반성이라도. 개뿔, 고민은! 골치 아픈 일은 잊는 게 상책이라는 듯 잠을 잔다! 허, 참 속도 편하시네. 엄마를 잔뜩 열올려놓고 잠이 오신다? 한 시간 동안 잠을 잔 뒤 와서 하는 말.

"앞으로는 안 그럴게요."

"그게 다야? 그래서, 안 돌아가고 여행을 계속하겠다는 거냐?"

"네."

안 하던 존댓말까지 했지만 여전히 입이 댓 발은 나온 채였다. 대략 이런 뜻이다. '엄마 말에 완전히 수긍을 할 수는 없지만 일단 따르지요. 여기서 여행을 끝내긴 싫으니까요.'

포카라에서 충분히 쉬었고 아프리카에서 받은 충격도 이젠 옅어졌으리라 생각했는데 그게 아니었나 보다. 하긴 사서 하는 고생이 아이에겐 처음이다. 초등학교 2학년 때 학교를 옮긴 뒤로 8학년까지 학교의 울타리 안은 안온했다. 대안학교라고 해서 지상낙원은 아니지만 일반학교와는 확실히 다른 세상이다. 언제든 마음을 나눌 수 있는 선생님들과 스스로 배움을 즐길 수 있는 교과과정이 있었다. 게임중독, 학교폭력, 성적 스트레스 이런 것들과는 거리가 멀었다.

여행은 아이에게 다른 방식으로 세상을 보여주었다. 그것이 긍정적인 것이든 부정적인 것이든 매순간 새로운 경험일 수밖에 없었다. 새로움에 적응하려면 이제껏 익숙했던 것들을 버려야 했다.

그러기를 70여 일. 아이 내면의 혼돈이 한 번쯤 폭발할 때가 되기도 했다. 마치 빅뱅처럼. 이 날 이후 아이는 무작정 고집을 피우던 버릇을 내려놓았다. 엄마를 구박하던 말투도 부드러워졌다. 먼저 엄마 말을 신중하게 듣고 나서 자기 의견을 이야기했다. 이제껏 엄마가 살아온 세월을 인정하고 존중하기 시작하자 진정한 화합의 시대가 도래했다. 혼돈의 우주가 폭발하고 나자 별들의 시대가 시작된 것처럼.

우리는 방콕으로 돌아가기 전 카트만두에서의 마지막 이틀을 화려하게 즐기기로 했다. 그동안 비싸서 못 갔던 레스토랑을 찾아갔다. 제대로 만든 스파게티와 피자는 아이를 행복하게 했다. 처음으로 마음 편하게 쇼핑도 즐겼다. 아들에게 네팔 느낌이 나는 하늘거리는 셔츠를 사주었다. 노란색과 연두색이 섞여 멋스러웠다. 고급스러운 만큼 비쌌지만 짠돌이 아들은 못 이기는 척 넘어갔다. 옷이 맘에 들었던 게다. 나중에 집으로 돌아가면 매일 마시던 찌아가 생각날 것 같았다. 찌아를 만드는 알갱이 차도 한 봉지 샀다. 네팔식 문양을 수놓은 작은 가방도 샀다. 워낙 물가가 싼 네팔이라 가능한 사치였다. 여행에서 나중이란 없다. 오직 그 순간뿐. 짠돌이로만 다니면 여행이 끝난 뒤 후회 항목이 늘게 된다. '그때 그것을 할 걸!'이라고. 한 달 간의 네팔은 휴식과 폭발, 그리고 화합으로 마무리지어졌다.

#04
M

달콤쌉싸름,
미얀마

따뜻한
만찬

Myanmar, Yangon

주위가 온통 깜깜했다. 전등이 하나 켜져 있었지만 앞에 뭐가 있는지 자세히 보이지 않았다. 그냥 이건 밥이고 저건 반찬이구나 싶었다. 그저 먹을 수 있다는 것만으로도 다행이어서 무엇을 어떻게 만든 것인지는 상관없었다. 우리는 너무 배가 고팠다.

미얀마에 들어오기 전 미리 한인 호텔을 예약했다. 주인이 한국인이니까 아무래도 현지 정보를 많이 얻을 수 있으리라는 계산에서였다. 그러나 호텔 주인이 알려주는 건 이미 알고 있던 얘기들이라 특별할 게 없었다. 외려 배낭을 풀기도 전에 명함을 대여섯 장씩 안기며, 호텔 홍보를 부탁하는 데서부터 나는 입맛이 썼다.

주인은 마치 무료 서비스인 양 하다가 나중에 비용을 청구하곤 했다. 우선 아침밥이 그랬다. 오느라 얼마나 고생했냐고, 무조건 아침부터 먹자며 식당으로 안내했다. 한식이니 마음껏 편하게 드시란다. 숙박비에는 다음날 조식만 포함되는 줄 알았는데 주인이 밥 인심은 후한가 보다 생각했다. 마음이 조금 풀어졌다. 반찬이 그득하게 차려진 밥상. 다 먹고 나니 그제야 악 소리 나는 밥값을 알려준다. 먹은 밥이 체하는 줄 알았다. 왜 처음부터 '오늘 조식은 얼마얼마인데 식사를 하시겠

습니까?' 라고 묻지 않았을까? 나는 공짜 밥을 바라지 않았다. 굳이 한식을 먹고 싶었던 것도 아니었다. 다만 주인의 태도가 착각을 불러일으켰을 뿐이다. 그건 누가 봐도 식사대접을 하는 사람의 말투였으니까. 밥을 먹었으니 돈을 내라는데 뭐라고 할 말도 없고. 배는 불렀으나 속은 편치 않았다.

밥 가지고 사람 빈정 상하게 하는 것만큼 치사한 것도 없다. 화려한 호텔 밥은 멋모르고 한 번은 사먹었지만 두 번을 사먹고 싶지는 않았다. 가격도 가격이지만 상술이 기분 나빴다. 저녁에는 호텔 밖으로 나가 식당을 찾아보았다. 근처에 밥 먹을 식당이 전혀 보이지 않았다. 낭패다. 숙소를 잘못 골랐다.

아, 그래도 죽으라는 법은 없다더니 간단한 음식을 파는 노점들이 보였다. 호텔을 나서서 큰 길로 통하는 골목이었다. 벌써 해가 떨어져 다 들어가고 딱 한 곳만이 불을 밝혔다. 불빛이 있어도 어두운 그 곳에 두 여인과 아이들이 밥을 먹고 있었다. 아마도 주인과 그 식구들일 터였다. 하루의 장사를 마치고 소박한 저녁을 먹는 가족. 우리도 이 자리에 끼어야 했다. 여기가 아니면 저녁을 굶어야 할 판이니까. 그들은 예상치 않았던 손님을 위해 얼른 식사를 마치고 자리를 내주었다.

메뉴가 뭔지도 모르겠다. 무조건 판자로 만든 의자에 앉고봤다. 그들은 영어를 한마디도 할 줄 몰랐다. 대신 솥 안을 보여주었다. 봐도 뭔지 모르긴 매한가지. 찌개 비슷해 보이기는 한데…. 더 생각할 것도 없었다. 나는 손가락 두 개를 펴고 단 한마디만 외쳤다.

"Two!"

그것으로 충분했다. 곧 밥과 반찬들이 놓여졌다. 한 여인은 접시에 음식을 담았고 다른 여인은 그걸 우리 앞에 차려놓았다. 즉 한 사람은 주방장이었고 또 한 사람은 서빙 담당이었다. 정체를 알 수 없는 찌개는 닭고기 커리였다. 먹기가 미안할 지경으로 뼈다귀만 앙상한 닭고기가 두어 조각 들어 있었다. 그리고 늙은 생오이를 썰어놓은 것. 세상에 고춧가루 반찬이 다 있다! 굵은 고춧가루를 기름에 볶아놓았다. 우스워 보여도 엄연한 반찬이다. 이건 보기와는 달리 꽤 맛있었다! 좀 맵기는 했지만.

어두웠지만 우리를 바라보는 그들의 표정을 느낄 수 있었다. 처음에는 '아니 우리 가게에 외국인이 다 오다니!' 하는 놀라움과 반가움. 그다음엔 '과연 이 사람들이 밥을 먹을까?' 하는 의아함으로, 또 다시 '이런, 정말 맛있게 먹는군!' 하는 감탄으로 변해갔다.

달콤쌉싸름, 미얀마

감탄한 건 그들만이 아니었다. 십년지기라도 만난 것처럼 달려드는 모기들도 내 피 맛에 감탄한 것 같았다. 가려운 다리를 벅벅 긁다가 찰싹찰싹 때렸다. 쉴 새 없이 달라붙는 모기에게는 별 소용이 없는 짓이었다. 시종일관 미소를 짓고 우리를 바라보던 서빙 담당의 얼굴은 '아, 모기가 많아서 정말 미안해요.'라는 표정으로 또 바뀌었다. 그러더니 부채를 가져와서는 쭈그리고 앉아 내 다리 쪽으로 부채질을 하기 시작했다! 감탄하던 모기들은 화를 내며 도망갔다. 이런, 몸 둘 바를 모르겠다.

"아니, 괜찮아요. 그렇게까지 안 하셔도 돼요."

손을 내저으며 한국말로 말했다. 그녀 역시 손을 내저으며 미얀마 말로 답했다.

"아니에요, 난 괜찮아요. 어서 식사하세요. 그나저나 모기가 왜 이리 많은지 모르겠네요."

나는 다시 그녀를 말려보았지만 그녀 역시 듣지 않았다. 서로 자기네 나라 말로 하는 대화. 그래도 상대가 무슨 말을 하는지 알아듣고도 남았다.

사실 그들이 내준 음식은 두 사람이 식사를 하기에는 부족했다. 바위라도 씹어 삼킬 청소년에게는 턱없이 적은 밥과 반찬이었다. 뼈다귀 커리는 금방 동이 났고 오이 몇 조각도 순식간에 없어졌으며, 우리는 볶은 고춧가루만을 쩝쩝 거리고 있었다. 장사를 이미 끝내고 가족들까지 식사를 마친 뒤였다. 먹을 만한 게 얼마나 남아 있었겠나. 그들이 부른 밥값이 적당한지도 알 수 없었다. 하지만 이런 환대라니.

아프리카에서도 그랬지만 밥상을 앞에 두고 아이는 한 번도 짜증을 내지 않았다. 분유 250밀리리터를 원샷 하던 아기 때부터 밥투정이라곤 없는 아이였다. 맛이 있건 없건 양이 적건 많건 늘 맛있게 먹었다. 어쩌다 내 입에서 '여기 음식은 좀 입맛에 안 맞는 걸.' 하는 소리가 나오면 "엄마, 이거라도 먹을 수 있는 게 어디야? 아프리카에서 굶던 걸 생각해봐. 감지덕지 해야지. 불평하지 마세요."라며 나를 가르쳤다.

이번 식사 역시 아이는 군말 없이 그릇을 비웠다. 이건 정말 따뜻한 만찬이었다. 그녀는 식사가 끝날 때까지 부채질을 멈추지 않았다. 한인 호텔의 떡 벌어진 한식보다 우리에게는 이 밥이 훨씬 귀했다. 호텔에서 상한 마음이 사락사락 부채 바람에 날아가고 있었다. 미얀마 걸의 얘기가 바로 이것이었어. 미얀마 사람들이 해주는 밥은 무엇이라도 달디달 것 같았다. 미얀마에 온 첫 날부터, 우리는 그들에게 반해버렸다.

딴진
접선기

Myanmar, Yangon

양곤에 가면 우선 만나야 할 사람이 있었다. 딴진. 그의 이름이다. 그는 얼마 전 결혼을 한 새신랑이자 안산에서 일하는 이주노동자. '미얀마 걸'로부터 딴진을 소개받았다. 그는 '미얀마 걸'의 절친이다. 그녀는 딴진의 부모님을 '미얀마 엄마, 아빠'라고 부른다.

네팔 포카라에서 미얀마 걸을 처음 만난 뒤, 나중에 방콕에서 또 만났다. 미얀마 걸이 우리보다 먼저 방콕으로 떠났더랬다. 그녀는 우리에게 빌려준 미얀마 가이드북을 딴진에게 전해달라고 했다. 딴진이 한국에 돌아오면 받겠다는 것이다. 미얀마 걸은 딴진에게 미리 전화를 해두었고 그의 주소와 휴대폰 번호도 적어주었다. 감자밭에서 줄기를 쑥 잡아당기면 줄줄이 감자가 달려 나오듯 루피 씨에게서 미얀마 걸로, 이어서 딴진으로. 인연은 그렇게 연결되었다.

양곤 호텔에 짐을 풀자마자 딴진에게 전화를 했다. 처음에는 전화를 받지 않았다. 몇 시간 뒤에 다시 걸어보았다. 드디어 누군가의 목소리가 들렸다. 여자다. 딴진의 아내 같았다. 나는 미리 마음속으로 할 말을 연습했다.

'Hello. May I speak to Tanjin?'

그런데 막상 닥치니 이 쉬운 말조차도 버벅버벅. 옆에서 아들은 어이가 없다는 듯 피식 웃었다.

전화기는 아들에게 넘어갔다. 다행인지 불행인지 그녀는 영어를 전혀 못 알아들었다. 세 번째로 전화기를 넘겨받은 호텔 직원이 미얀마어로 이야기를 전해주었다. 겨우 딴진과 통화가 되었다. 내일 양곤 시내 술레 파고다^{Sule Pagoda} 앞에서 접선하기로 약속.

다음날, 시내로 나가 딴진에게 전화를 걸었다. 길거리에는 공중전화가 있었다. 우리나라처럼 박스 안에 들어있는 그런 공중전화를 상상하면 안 된다. 이건 자그마치 교환수가 딸린 공중전화다.

그러니까 이런 식이다. 길가에 전화기 한두 대를 놓고 여자들이 앉아 있다. 나무판자로 공간을 가려놓은 데도 있고 그냥 탁자 위에 덜렁 전화기만 놓여 있는 데도 있다. 가서 전화번호를 불러주면 그녀들이 전화기 버튼을 누른다. 연결이 되면 손님에게 전화기를 넘겨준다. 그러고는 통화 시간을 잰다. 통화가 끝나면 시간만큼 돈을 받는다. 그녀들은 '사랑합니다, 고갱님.' 이라고 마음에 없는 소리를 내뱉지는 않는다. 언뜻 친절한 것 같기도 하고 왠지 손님을 못 믿는 것 같기도 한 미얀마만의 방식.

이번에도 딴진은 전화를 받지 않았다. 아니면 통화 연결이 잘 안 되는 것인지.

미얀마에서는 휴대폰이 있다고 해서 원할 때마다 통화를 할 수 있는 게 아니었다. 다른 교환수에게 가서 두 번째로 전화를 했을 때 드디어 그가 받았다. 그러곤 얼마 후 그는 새신부와 함께 낡은 승합차를 몰고 나타났다. 두 사람은 산뜻한 면 티셔츠와 청반바지를 커플룩으로 입었다. '미얀마에서 롱지(미얀마에서 남녀불문 국민들이 입는 통치마)를 입지 않은 남자는 별로 못 봤는데 역시 해외파답군.' 한국에서 10년을 일해 착실히 돈을 모아 차도 샀고 오랜 연인과 막 결혼도 한 참이었다.

"중고차라 에어컨이 없어요. 타면 많이 더우실 거예요."

"아니, 괜찮아요. 자동차로 가는 것만도 얼마나 편한 건데요!"

말이 안 통하는 새 신부는 미안한 듯 부채를 내 손에 쥐어주었다. 화장기 없는 맑은 얼굴에 등까지 내려오는 긴 머리를 묶었다. 미얀마의 여인들은 대부분 머리가 길다. 그것도 어깨를 넘어 등까지 넘실거린다. 그 긴 머리를 얌전히 묶어서 다닌다. 여자들의 긴 생머리가 로망인 한국 남자들이 보면 한눈에 반할 만하다. 동글동글한 얼굴에 동그란 눈, 그녀들에게는 아시아의 전통적인 아름다움이 남아 있다. 미얀마는 글씨까지 동글동글하니 온통 동그라미 세상인 셈이다.

그는 우리를 깐도지 호수로 데려갔다. 호숫가에 고급 중식당이 있는데 거기서 점심을 사줄 요량이었다. 새 신부는 내 팔짱을 끼고 앞장을 섰다. 그녀와 말은 통하지 않았지만 나는 그 마음을 느낄 수 있었다. 반갑고 잘해주고 싶은 그런 마음, 그 온기가 온몸에서 묻어 나왔다. 딴진은 거의 한국사람이 다 된 것 같았다. 능청스럽게 자연스러운 한국말. 그는 곧 한국으로 돌아갈 예정이란다. 그럼 아내는 어쩌고?

"저희 부모님이랑 같이 살 거예요."

딴진에게는 차마 말을 못했지만 갓 결혼한 새댁을 남편도 없이 시부모님과 살게 하다니. 가려면 같이 가야지. 하지만 아내까지 데려갈 상황은 못 되는 모양이었다. 여리여리한 그녀가 남편 없는 시집생활을 잘 견딜지 나는 내 일처럼 걱정스러웠다. 딴진의 통역을 통해 물어보았다.

"괜찮겠어요? 남편과 떨어져 있어야 하는데?"

"괜찮아요. 시부모님이 잘해주시니까요."

괜찮을 리가 없지. 어떤 여자가 이런 상황을 괜찮아 하겠어. 더군다나 신혼인데. 신부의 나이는 서른 셋. 우리나라 기준으로도 적은 나이는 아니다. 미얀마의 젊은이들이 일찍 결혼하는 세태로 봐서 그녀는 아마도 긴 세월을 기다렸을 게다. 이 나라에서는 남편들이 아내에게 꽉 잡혀 산다는 소문이 있다. '새 신부, 당신도

딴진을 꽉 잡고 당당하게 살았으면 좋아요.'

어디를 가도 내게는 여인들의 삶이 먼저 보인다. 아프리카에서 가장 견디기 힘들었던 건 여자를 함부로 대하는 아프리카 남자들이었다. 또 딸들을 함부로 대하는 아프리카 엄마들이었다. 그 삶이 너무 아파 보이면 안타깝고 안쓰럽다. 나 역시 여자로서 쉽지 않은 세월을 지나 왔으니까.

딴진을 만난 뒤 우리는 바간Bagan으로 떠났다. 미얀마 일주를 마치고 양곤에 돌아오면 다시 딴진을 만나기로 했다. 그때는 자기 집에 꼭 오란다. 그러나 돌아와서 딴진을 만나지 못했다. 순전히 내 잘못이다. 다른 이유도 아니고 단지 그의 전화번호를 따로 챙겨놓지 않아서였다. 딴진에게 돌려준 가이드북에 전화번호가 적혀 있었다. 방콕에서 미얀마 걸이 가이드북 맨 뒷장에 적어준 것이다. 그걸 따로 옮겨 적지도 않고 딴진에게 줘버렸으니. 건망증 여왕인 내가 또 까마귀 고기를 잡아드신 탓이다. 딴진네 집에 간다고 신이 났었는데 내가 내 뒤통수를 친 격이 되었다. 이번 여행의 최고 방해꾼은 바로 나 자신이라는 웃지 못 할 사실을 또 한 번 확인했다.

그래도
웃는 당신

Myanmar, Old Bagan

2,000개가 넘는 파고다가 솟아 있는 곳. 유적도시, 바간에 왔다. 도착하자마자 우리를 반긴 건 젊은 호객꾼이었다. 도시와 유적지는 거리가 멀었다. 유적지에 가려면 마차투어를 해야 한다. 찰거머리 호객꾼은 우리를 낚기 위해 끈질기게 찾아왔다. 그는 숙소를 소개할 때 이미 우리를 한 번 속였다. 그에게만큼은 절대 마차투어를 하고 싶지 않았다. 그가 소개해준 이 숙소의 매니저는 서양인들 앞에서는 하하 웃다가 우리만 보면 인상을 구겼다. 그것만이 아니다. 유적지 투어를 할 때 필요한 티켓을 당장 사라고 억지를 부렸다. 그는 노골적으로 동양인을 무시하는 미얀마 사람이었다. 게다가 우리 방은 모기가 들끓었다. 아, 첫날부터 머리가 지끈거렸다.

신이 도왔을까? 숙소와 투어, 이 두 가지 골칫거리가 우연히 해결되었다. 떽떽거리는 직원이 꼴 보기 싫어 동네나 둘러보자고 나선 길, 이가 뻘건 중년남자가 앞에서 말을 걸었다(미얀마 남자들은 '꿍야'라는 입담배를 씹는데, 그것이 치아를 붉게 물들인다). 그 역시 마차투어를 하라며 흥정을 시도했다. 생각을 해보겠다고 돌아서자 가격이 떨어졌다. 오케이. 찰거머리보다는 이 아저씨가 훨씬 나아보였다. 마차투어를 해결하고 나니 10년 묵은 체증이 쑤욱 내려가는 것 같았다.

한결 가벼워진 마음으로 산책을 하다가 다른 숙소를 발견했다. 아침밥도 푸짐하게 나오고, 방값도 훨씬 쌌다. 특히 매니저는 '저는 미소와 친절의 대명사입니다.'라고 이마에 써 붙여놓은 것 같다. 무엇을 얘기하든 부드럽고 공손하게 응대하는 사람. 그는 불심 깊은 미얀마 인답게 평온해 보였다. 당장 내일 방을 옮기기로 결정.

다음날 아침, 정작 마차를 몰고 온 사람은 웬 젊은이? 아저씨의 아들이었다. 일단 얌전해 보이는 얼굴에 믿음이 갔다. 한새는 그가 말수가 적고 껄렁대지 않아서 마음에 든다고 했다. 아프리카에서 과도하게 껄렁거리는 청년들에게 질린 탓이었다. 그 후로 우리 모자는 차분한 사람들을 선호했다. 그런 사람들은 대부분 허세가 없었다.

자, 이제 올드 바간으로 출발. 마차는 영화에서 보던 유럽의 마차와는 판이하게 달랐다. 사람이 편히 앉을 수 있는 자리는 마부와 그 옆자리뿐. 한 사람은 짐짝처럼 뒤를 보고 앉아야 했다. 어쩌면 뒷자리는 원래부터 짐을 싣는 자리였는지도 모르겠다. 나는 본의 아니게 뒤에 오는 모든 마차와 오토바이들과 정면으로 눈을 맞출 수밖에 없었다. 후, 진짜 난감했다. 유적을 보기도 전에 내가 먼저 구경거리가 되다니.

본격적인 유적지에 도착하기 전, '쉐지곤Shwezigon'이라는 유명한 파고다에 들렀다. 그런데 사원에 들어서기가 무섭게 기념품 파는 아줌마들에게 붙잡혀버렸다. 옷에다 종이로 만든 리본 핀을 달아준다고 법석이었다. 선물이란다. 안 사면 그만이지 싶어 내버려 두었다. 알고 보니 이건 '내가 찍은 손님'이란 표시였다. 한마디로 내 것에 침 발라놓기 수법.

달콤쌉싸름, 미얀마

파고다 안으로 들어서니 또 다른 여인네들이 달려들었다. 이번에는 작은 종이와 꽃을 안겼다. 선물이니 걱정 말란다. 썩 반갑지는 않았지만 선물이라는데 뿌리치기가 힘들었다. 그래도 꽃은 부담스러워 작은 종이만 받았다. 종이를 펴보니 금박이 들어 있다. 불상에는 다른 사람들이 먼저 붙여놓은 금박종이가 덕지덕지 붙어 있었다. 선물을 준 여인은 금박 붙이는 시범을 보였다. 우리도 그녀를 따라 불상에 금박을 붙였다.

"자, 이제 돈을 주셔야죠?"

"무슨 소리에요? 방금 선물이라고 했잖아요?"

"아, 엄마 것은 선물이지만 아들 것은 선물이 아니지!"

말문이 막혔다. 이미 금박을 써버렸으니 돈을 안 줄 수도 없었다.

"얼마에요?"

"1,000짯!"

이미 숙소 직원과 찰거머리 호객꾼을 겪어보았는데도 나는 눈치를 못 챘다. 미얀마 사람이라고 모두 친절한 건 아니란 걸 말이다. 미얀마 찬양을 잔뜩 듣고 왔는데 김이 빠졌다. 하지만 바가지라면 아프리카에서부터 단련된 몸 아니던가. 나는 말없이 200짯을 건네주었다. 그녀는 뭐 씹은 표정으로 찬바람 나게 쌩 돌아섰다. '너무 욕심 부리지 마세요, 배탈 나요.' 탑을 둘러보고 나오니 이제는 리본 아줌마들이 물건을 팔겠다고 달라붙었다. '아무리 침 발라놓았어도 소용없네요. 벌써 마음이 상했거든요.'

마차는 따각따각 누런 황톳길을 달렸다. 외딴 들판, 불쑥불쑥 솟은 탑들이 보였다. 천 년 전 불국토를 꿈꾸던 미얀마 인들은 이 땅에 탑과 사원을 세웠다. 드디어 만난 첫 파고다. 탑 위로 올라가 전경을 내려다보았다. 이 풍경이 사진 속의 그 '올드 바간'이로구나! 한눈에 다 담을 수 없는 수많은 탑들. 그것들은 넓은 들판과 숲 사이에 숨겨진 보석처럼 박혀 있었다. 천년 세월, 권력이 있는 자는 웅장하게, 보통 사람들은 소박하게, 부처님의 은덕을 기리기 위해 탑을 쌓았다. 사방팔방 어디를 향해도 보이는 건 오직 탑과 사원들뿐. 사람들은 지금도 계속 새로운 파고다를 만들고 있단다. 미얀마 사람들의 불심은 외국인이 감히 짐작하기 어려웠다.

불타는 올드 바간에서 시원한 곳이 딱 한 군데 있었으니 바로 탑 위였다. 탑 위로 올라가면 바람이 거세게 불어댔다. 바람을 온 몸으로 맞으며 수천 개의 파고다를 내려다보는 맛은 짜릿했다. 아들은 셔츠에 바람이 잔뜩 들어간 채 탑 위에서 사진을 찍었다. 올드 바간 투어의 절정은 '바람 부는 탑 위에서 바라보는 경치'다. 아, 파고다, 파고다, 파고다….

이 탑 저 탑 많이도 돌아다녔다. 슬슬 탑 구경이 지루해지려는 찰나, 그녀가 불쑥 나타나 물었다.

"당신들 미얀마 사람인가요?"

이렇게 묻는 사람은 처음 봤다. 대개는 한국사람이냐 일본 사람이냐를 묻는다.

"아뇨, 한국사람인데요."

"어머, 한국사람이군요! 나 한국 드라마 진짜 좋아해요. 주몽, 구준표, 정말 멋져요! 구준표 사랑해!"

또 뭔가를 팔려고 접근하는 사람이겠지. 하지만 그녀는 아무것도 손에 들고 있지 않았다. 그냥 놀러왔나?

달콤쌉싸름, 미얀마

"타나카 해봤어요? 안 해봤으면 내가 해줄게요. 이리 앉아봐요."

타나카는 미얀마 여인들이 화장품처럼 바르는 노란색 가루다. 재료는 특정한 나무. 그것을 잘라서 갈면 고운 가루가 나온다. 미얀마에서 여자와 아이들은 모두 타나카를 바르고 다녔다. 그녀는 붙임성 좋게 팔을 잡아끌더니 의자 밑에서 보따리를 꺼냈다. 그 안에서 타나카 나무 한 덩이가 나왔다. 돌판 위에 올려놓고 물을 섞어 노련하게 갈더니 얼굴에 발라주었다. 직접 발라보니 정말 부드럽고 시원했다! 그녀는 쾌활함이 넘쳤다. 인생이 즐거워 죽겠다는 표정. 이거 어디서 많이 보던 익숙한 모습인데? 미얀마 걸! 이런 무한긍정의 소유자들 같으니. 갑자기 지루함이 사라지고 활기가 가득해졌다.

"자, 엄마부터 합시다. 아들은 사진을 찍어야지! 다음에는 아들 차례. 이렇게 볼에다 쓱쓱 바르고. 이번엔 엄마가 아들 사진 찍어주고. 자, 어서요."

"아들, 롱지 입어봤어요? 한번 입어 볼래요?"

보따리에서는 어느새 롱지가 나왔다. 미얀마에서 가장 이국적인 모습이 이 롱지(치마)를 입은 남자들이다. 홀린 듯이 한새는 이미 롱지를 입고 있었다.

"나도 사진 좀 찍어줘요. 엄마랑 먼저 찍고, 다음엔 우리 셋이 같이 찍어요."

하하하 웃어가며 뭔가를 하나씩 꺼내는 그녀. 전혀 기분 나쁘지 않았다. 진정한 고수다! 타나카로 먼저 서비스를 해준 뒤 자연스럽게 물건을 보여준다. 하마터면 나는 장사 9단 그녀에게 혹해서 롱지를 살 뻔했다.

"한새야, 롱지 한번 입고 다녀볼래?"

"아, 엄마, 제발. 절대 안 입어. 사지 마세요."

하긴 꼭 필요한 것도 몇 번씩 고민하는 네가 입지도 않을 롱지를 살 리가 없지. 우리는 타나카를 바른 얼굴로 그녀와 기념사진을 찍었다. 내친 김에 마부와도 사

진을 찍었다. 타나카를 한번 발라보는 건 재밌었지만 그걸 사서 어디에 쓰랴. 아무리 미얀마라도 우리조차 매일 노란 얼굴로 돌아다닐 수는 없었다. 미안하지만 타나카와 롱지는 필요하지 않았다. 그래도 그녀는 상관하지 않았다. 오히려 기념이라며 작은 타나카 조각을 내 손에 쥐어주었다. 그건 진짜 선물이었다. 아무런 목적이 없는 순수한 선물. **사람을 사람으로 대하는 마음**이었다.

여행을 하면서 가장 마음이 상할 때가 사람들이 우리를 같은 사람으로 보지 않을 때다. 험한 꼴을 당해도 괜찮은 이방인 혹은 자기들의 만만한 돈지갑. 이런 취급을 받을 때, 여행이 힘들어진다. 사람들 보기가 힘들어진다. 마냥 꽃동산일 줄 알았던 미얀마에도 뜻밖에 이런 사람들이 많았다. 그럴 때면 가슴에 찬 바람이 불곤 했다. 하지만 그 차가움을 녹여주는 이 역시 사람들이다. 그래서 다시 또 여행은 할 만해진다.

우리도 선물을 주고 싶었다. 물건을 사지 않는 대신 사진을 선물하기로 했다. 포토 프린터로 방금 찍은 사진을 뽑아 내밀었다. 신기해 입을 떡 벌리고는 좋아서 어쩔 줄을 모른다. 물건은 못 팔았지만 함박웃음을 펑펑 날린다. 그녀는 인생을 즐길 줄 알았다.

올드 바간에서 가장 생각나는 사람, 바로 웃는 당신이다.

마티아스와
마티아나

Myanmar, Mandalay

그들을 처음 봤을 땐, 무척 쌀쌀맞아 보였다. 그도 그럴 것이 새카만 선글라스로 표정을 감추었고, 남들과 멀찍이 떨어져 고고하게 서 있었다. 만달레이로 가는 버스가 휴게소에 멈추었을 때였다. 외국인 여행자는 일고여덟 명쯤 되었다. 우리만 동양인이었다. 승객들 대부분이 간단한 점심을 사 먹고 있을 때에도 그들은 아무것도 먹으려 하지 않았다. '우리는 당신들과 섞이기 싫어요'라는 태도가 분명했다. 그들은 영화 '매트릭스'에서 주인공 네오를 쫓는 '스미스'와 비슷해 보였다.

우리가 이 '스미스 커플'과 다시 만난 건 숙소의 식당에서였다. 그들은 그곳에서 아침을 먹고 있었다. 같은 숙소에 들었는지 전혀 몰랐다. 어쨌거나 한 번 안면을 튼 사이라 나는 반갑게 아는 척을 했다. 선글라스를 벗은 맨 얼굴을 그때 처음 보았다. 뜻밖에도 아주 선해 보이는 인상이었다.

만난 김에 우리는 다짜고짜 유적지 투어는 어찌할 건지 물어봤다. 둘이서만 투어를 하기엔 가격이 비싸서 같이 투어할 사람들을 찾고 있었기 때문이다. 손님들이 모이는 아침식사 시간이 동행을 만들 유일한 기회였다. 하지만 그들은 이미 투어 예약을 했고 아침을 먹고 나가려던 참이었다.

"우리도 끼워주세요. 아직 동행을 못 구했거든요."

"15분 동안 준비할 수 있으면, 같이 가요! 비용을 넷이 나누면 우리도 좋죠."

마티아스, 그는 흔쾌히 허락을 했다. 남이 차려놓은 밥상에 숟가락만 들고 끼어들기 수법, 성공이다! 독일인 교사 마티아스, 그게 그의 진짜 정체였다. 여자친구 역시 교사인 마티아나.

"뭐예요, 당신들 이름이 같은 거예요?"

"하하. 그래요, 우리는 이름이 같아요. 마티아스와 마티아나!"

그들은 1년 동안 세계일주를 하는 중이라고 했다. 이제 남은 기간은 단 2주. 2주일 후면 집으로 돌아간단다. 만달레이Mandalay에서 이들을 못 만났다면 얼마나

ဝိတ်သားမျက်နှာကျက်တော်နှင့်
မဟာမုနိရုပ်ရှင်တော်ပုံ
(သက္ကရာဇ်-၁၂၆၃) AD_1901

ဘော်သားမျက်နှာကျက်တော်နှင့်
မဟာမုနိရုပ်ရှင်တော်ပုံ
(သက္ကရာဇ်-၁၂၉၇) AD_1935

ရွှေသားမျက်နှာကျက်တော်နှင့်
မဟာမုနိရုပ်ရှင်တော်ပုံ
(သက္ကရာဇ်-၁၃၄၆) AD_1984

ရွှေသားမျက်နှာကျက်တော်နှင့်
မဟာမုနိရုပ်ရှင်တော်ပုံ
(သက္ကရာဇ်-၁၃၇၂) AD _ 2010

지루했을까? 미얀마에서 만달레이가 가장 더웠다. 우기인데도 비 한 방울 오지 않았고 더불어 습기는 엄청났다. 미얀마가 원체 덥기는 하지만 만달레이의 찐득한 더위는 정말 사람을 진 빠지게 만들었다. 도시는 매연에 찌들었고 시끄러웠다. 사람들은 어딜 가나 몇 배씩 바가지를 씌우려 들었다. 솔직히 만달레이는 미얀마 최악의 도시였다. 그래도 만달레이에서 웃고 다녔던 건 순전히 마티아스 덕분이다. 그는 가히 유머의 화신이었다. 저렇게 재밌는 사람을 '스미스'로 보았다니. 역시 사람은 겪어봐야 제대로 알 수 있다.

투어의 첫 장소는 어마어마한 금부처가 있는 사원. 사람들이 수십 년간 금덩이를 계속 붙여놓아서 부처님의 몸은 마치 스모 선수처럼 부풀어 있었다. 부처님은 앞으로도 점점 거대해질 예정이었다. 그곳에서 한새가 만으로 열다섯 살이란 말을 듣고는 마티아스가 한탄을 했다.

"세상에, 열다섯 살이라고? 너는 겨우 열다섯에 세계여행을 한단 말이지? 나는 그 나이 때 도대체 무얼 한 거야! 우리 엄마가 원망스럽다. 나는 이제 마흔에서야 여행을 하고 있다고. 아, 난 지난 세월을 헛산 거야, 억울해 죽겠네!"

이렇게 시작된 그의 유머는 하루 종일 배꼽을 잡게 만들었다. 만달레이 주변을 둘러보는 투어는 별반 볼 것도 재미도 없었다. 그래도 개중 기대했던 건 가장 유명한 '우베인 다리'였다. 200년 된 미얀마 티크목으로 만들었다는, 세계에서 가장 긴 나무다리라나. 《론리 플래닛》 미얀마편의 표지 사진이 바로 이 다리다. 파란 강물과 하늘 사이에 옛날 느낌 물씬 나는 나무다리가 가로질러 있다. 그 위로 전통복장을 한 여인들 네 명이 머리에 은빛 그릇을 이고 걸어가는 풍경. 마티아스와 마티아나는 이걸 보려고 미얀마에 왔다고 했다. 사진 속 여인들처럼 한가롭게 고풍스런 다리를 걸어보는 게 소망이었단다.

직접 본 우베인 다리는? 우기라 강물은 많았지만 사람들도 넘쳐났다. 주말을 맞아 놀러온 미얀마 사람들로 다리 위는 북새통을 이루었다. 한가로운 산책은 턱도 없었다. 서로 몸을 부딪혀가며 간신히 강 이쪽에서 저쪽 끝까지 건너야 했다. 시간이 갈수록 사람들은 더욱 늘어났다. 그들은 마치 행진하는 개미떼들처럼 보였다.

"이건 완전 사기야! 우베인 다리가 이럴 수는 없어. 내 꿈의 다리였는데!"

마티아스는 실망한 빛으로 《론리 플래닛》을 노려보았다.

"이 사진 말이야, 이거 순전히 거짓말이잖아? 강물이 이렇게 많은 건 우기라고. 그런데 우기에는 하늘이 이렇게 파랄 수 없잖아. 이건 완전히 만든 사진이야. 《론리 플래닛》이 우릴 속였어! 한새, 우리 이렇게 하자. 우리도 이런 사진을 만들어 팔자고! 일단 미얀마 여자들 몇 명을 고용하는 거야. 전통 옷을 입히고 다리 위를 걸어가게 하는 거지. 사진 찍는 동안 너는 저쪽, 나는 이쪽에서 아무도 걸어가지 못하게 사람들을 막아야 해. 여자들이 걸어가는 부분만 확대해서 찍으면 감쪽같겠지? 그다음엔 물론 포토샵으로 작업을 해야지. 하늘도 강물도 아주 새파랗게. 어때? 이만하면 사람들이 우리 사진을 사지 않겠니?"

그에게 유머의 소재가 되지 않는 것은 거의 없었다. 비록 꿈의 다리와는 거리가 멀었지만 그는 열심히 사진을 찍었고 이것저것 기웃거렸다. 장기여행 1년의 막바지라고는 믿기지 않는 호기심과 열정이었다. 그 덕에 우리는 미얀마 여자들을 고용하지 않고도 고즈넉한 사진 몇 장을 건졌다. 투어는 형편없었지만 마티아스와 마티아나가 함께 있어 즐거웠다. "마티아스에게 수업을 한번 받아보고 싶어. 진짜 재미있을 거야. 마티아스네 학생들은 정말 좋겠다!"

아들은 8년 동안 좋은 선생님들에게 배워왔는데도 이런 배신적인 고백을 숨기

지 않았다. 역시 유머와 웃음은 나이와 인종을 뛰어넘는 날개다.

　그들이 더 마음에 들었던 건 우리와 여행 스타일이 같아서였다. 강남 스타일이었냐고? 아니 짠돌 스타~일! 이해할 수 없는 외국인용 요금에 그들도 분개했고 한 푼이라도 아끼려고 애를 썼다. 식당에 가면 직접 꼼꼼히 밥값을 확인하는 것도 좋았다. 펑펑 쓰는 서양인들만 보다가 같은 짠돌이 족속을 만나니 동병상련이 느껴졌다. 그건 장기여행자로 고생을 해본 사람만이 이해할 수 있는 심정이었다. 사실 장기여행을 하자면 짠돌이가 될 수밖에 없었다.

　그리고 그들에게는 미안하지만 그들도 우리처럼 사기를 당한다는 걸 알고는 안심했다. 투어를 담당한 블루택시 기사 — 우리는 그를 'The drunken driver' 라고

불렀다―는 막판에 돈을 더 내라며 가벼운 난동을 부렸다. 점심식사 때 양주 한 병에 생맥주까지 원샷을 하더니, 더 뜯어내야겠다는 기특한 생각을 했나 보다. 마티아스와 마티아나는 끈질기게 말싸움을 벌였고 끝끝내 추가요금은 주지 않았다. '불의에 맞서는 근성이 우리랑 똑같구만. 아주 마음에 들어. 그나저나 독일인들도 험한 일을 당하는구나. 난 우리한테만 그러는 줄 알았지.'

마티아스는 천상 교사였다. 한새가 앞으로 무슨 공부를 하고 싶은지 궁금해 했다. 알래스카에서 야생생물학을 공부하고 싶다는 아들 말에 나를 쳐다보고 물었다.

"독일의 부모들은 자식을 그렇게 멀리 보내고 싶어 하지 않아요. 아들과 떨어져 있어도 괜찮겠어요?"

"물론 가까이 있는 게 좋죠. 그런 면에서 한국의 부모들은 더 보수적이에요. 하지만 난 아이가 부모 때문에 자기 꿈을 포기하게 하고 싶지는 않아요. 자신이 원하는 걸 하고 살아야죠."

…라고 말했으면 얼마나 우아했을까마는, 내 입에서 나온 건 "난 괜찮아요."라는 한마디뿐이었다. 그 대신 하고 싶은 말을 품은 다층적이고도 우아한 미소를 지어 보였다. '내 짧은 답과 표정에 담긴 마음속 긴 말을 짐작해주세요, 마티아스 선생님.'

마티아스는 한새를 붙들고 긴 당부를 늘어놓았다. 알다시피 여행은 늘 좋기만 하진 않다, 좋을 때와 힘들 때가 오르락내리락 한다, 무언가 특별하고 감탄할 만한 곳을 찾아라, 우리에겐 호주가 그런 곳이었다, 너에게도 그게 힘이 되어줄 거다, 그리고 건강이 가장 중요하다, 어딜 가든 꼭 건강을 챙겨야 한다. 그는 마치 딴 사람이 된 듯 진중했다.

그때부터 우리는 특별한 곳을 생각하기 시작했다. 과연 어디가 그런 곳일까? 미얀마 다음의 여행지는 그곳이어야 했다. 아직은 미얀마 일정이 많이 남아 있었고 생각할 시간은 많았다. 특별하고 감탄할 만한 그 어떤 곳, 그곳은 꼭 나타날 것이었다.

두 사람을 마지막으로 본 건 호텔 로비에서였다. 그들이 먼저 만달레이를 떠날 참이었고 우리는 두어 시간쯤 여유가 있었다. 아침에 시내를 둘러본다고 나갔는데 들어올 때는 땀에 흠뻑 젖어 있었다. 그런데 잔뜩 지친 얼굴로 "이제 미얀마를 떠나게 되어 너무 행복해!"라고 외치는 게 아닌가? 그새 또 무슨 일을 당한 게 틀림없었다. 가엾은 마티아스와 마티아나. 그들의 미얀마 일정은 짧았고 씁쓸했다. 조금 길게 머물렀다면 분명 우리처럼 달콤함도 맛보았을 텐데.

이들 덕분에 우리는 독일 사람이라면 무조건 좋게 보는 습관이 생겼다. 더불어 친구 사귀는 맛을 제대로 느낄 줄 알게 되었다. 비법은 간단했다.

늘 그랬듯
먼저 말을 걸고 먼저 손을 내미는 것.
그것이면 충분했다.

하나 더 보태자면 같은 여행자로서 도와줄 수 있는 건 최대한 서로 도와주기. 가끔은 얌체도 있었지만 대부분은 기꺼이 친구가 되었다. 우리는 사람이 있는 여행이 좋았다.

뒷모습은
말했다
Myanmar, Thibaw

새벽 5시, 한새를 깨웠다. 모닝 마켓에 가기로 한 날이다. 가만 두면 9시, 10시까지라도 퍼질러 자겠지만 오늘은 안 됨. 눈 못 뜨는 아이를 깨워 세수를 시키고 나니 30분이 지났다. 원래 5시에 시장이 열린다 했으니 조금 늦었다. 아침 일찍 거리에 나서니 마음대로 걸어 다닐 수 있어서 참 좋다. 네팔 카트만두와는 비교도 안 되지만 미얀마에서도 걷는다는 것은 쉬운 일이 아니었다. 사람 바로 옆을 스치듯 휙휙 달리는 자동차와 오토바이들. 그것들의 엔진소리는 또 얼마나 시끄러운지. 횡단보도와 신호등 따위는 당연히 없다.

이 작은 마을 띠보에 오면 조용할 줄 알았다. 시골이니까 도시보다는 덜 하겠지 라는 기대는 여지없이 깨졌다. 하이고, 차는 별로 없지만 오토바이가 극성이다. 사람들이 움직이기 시작하면 그놈의 오토바이 소리에 귀가 다 먹먹할 지경이다. 5시 반. 아직 이 시간엔 오토바이족들이 활개를 치기 전이었다.

사람들은 벌써들 나와 분주하게 하루를 시작하고 있었다. 이미 문을 연 식당에서는 지글지글 기름이 튀었다. 가만 보니 식당마다 뭔가를 튀기느라 바쁘다. '이제부터 장사 시작입니다!' 하는 것처럼 그 앞에 테이블과 의자를 펼쳐놓았다.

쓱 지나가며 들여다보았다. 두부를 네모나게 자른 것, 으깬 두부에 양념을 해
서 동그랗게 뭉친 것, 앙증맞은 미니 도넛…. 그리고 보니 만달레이에서도 아침이
면 저런 것들을 튀기고 있었다. 사람들은 둘러앉아 막 튀겨낸 튀김과 차를 마셨다.
이게 미얀마 식 아침식사인가 보군.

낮보다 훨씬 한산해진 길을 따라 농산물 시장에 도착했다. 길 양 옆으로 좌판
을 펼친 사람들이 자리를 지켰다. 물건을 실은 오토바이와 장을 보러 나온 사람들
로 시장은 제법 북적거렸다. 시장 구경의 백미는 각종 군것질거리인데 미얀마에는
간식이 별로 없었다. 오직 밥과 반찬 그리고 국수뿐. 서양인들은 미얀마에서 식사
하기가 참말로 괴롭겠다. 오죽하면 재치 넘치는 이런 광고문구가 다 있을까. 'Are
you tired of Rice?' 인레 호수에 있던 팬케익 가게였다. 우리도 아프리카에서 음식
으로 고생해봐서 그 심정 잘 알지.

띠보에는 큰 강이 있어 생선도 많이 나온다. 팔뚝만한 커다란 물고기가 즐비했다. 각종 채소들, 고춧가루, 마늘, 밑반찬도 있다. 어라? 한쪽에서 두부와 숙주를 팔고 있었다. 한국이랑 똑같은 판두부다. 김이 모락모락 올라온다. 더운 지역이라 두부가 빨리 쉴 것 같은데도 많이들 먹나 보다.

띠보는 과일과 채소가 많이 나는 동네다. 특히 파인애플이 유명하다. 파인애플 산지답게 길에는 파인애플을 파는 노점들이 넘쳐났다. 전날 우리도 파인애플을 하나 샀다. 그것은 완전히 익은 뒤에 수확한 게 확실한 오렌지색이었다(한국에서 먹던 연두색 파인애플은 덜 익어도 한참 덜 익은 것이다). 우리는 그것을 숙소 방까지 가져갈 수도 없었다. 맛이나 보려고 마당에서 한 조각을 잘랐다가 그 자리에서 한 통을 다 먹어버렸기 때문이다. 누가 보았으면 태어나서 파인애플 처음 먹는 줄 알았겠다. 끈적하고 달콤한 즙이 뚝뚝 떨어지는데, 여왕일지라도 도저히 우아하게 먹을 수는 없었으리.

"이런 파인애플은 처음이야! 이게 진짜 파인애플 맛이었어!"

이렇게 달콤하고 황홀한 과일이었다니. 그동안 우리가 먹어왔던 파인애플은 파인애플도 아니었다. 가운데 심조차도 어찌나 부드러운지 아들은 노란 과육은 하

달콤쌉싸름, 미얀마

나도 남김없이 먹어치웠다. 미친 듯이 먹고 나니 얼굴과 손이 온통 노란 즙으로 범벅이었다.

갑자기 누군가 "Hello!" 인사를 했다. 돌아보니 어떤 아저씨가 나무궤짝 위에 앉아 활짝 웃고 있었다. 러닝셔츠 바람이다. 이렇게 먼저 인사를 해오는 사람들은 늘 웃음이 가득했다. 그래서 그들은 아들이 제일 좋아하는 특급모델님들이시다.

아이는 카메라를 들어 올리며 눈짓을 했다. 그는 아들의 부탁을 알아듣고 흔쾌히 V 자를 그렸다. 자연스런 태도와 표정이 포토제닉 감이다. 찍은 화면을 보여주니 앞에 앉은 여인에게도 그것을 들이밀었다. '아하, 아저씨의 아내였구나. 그렇담 아내분 사진도 찍어드리지요.' 남편 못지않게 아내도 사진이 잘 받았다.

미얀마 사람들은 세상에서 가장 잘 웃는 사람들일 거다.
그 미소는 흐르는 강물처럼 자연스럽고 부드럽다.
어떤 마음으로 살아야 저런 미소가 나오는 걸까.

드디어 길 끝까지 왔다. 그런데 그새 파장 분위기다. 노점들은 이미 물건을 치우기 시작했다. 모닝 마켓은 시장이라기보다는 노점 골목에 불과했다. 이름처럼 새벽에만 잠깐 열린다. 나같이 게으른 사람은 장도 못 보겠다. 정말 이게 다인가 하고 두

리번거리다가 또 다른 시장을 발견했다. 모닝 마켓은 벌써 파장인데 이곳은 이제야 물건들을 내놓기 시작했다. 노점에 비하면 진열대와 자리가 딱딱 만들어진 그럴듯한 시장이었다. 오호라, 이곳의 시스템을 알겠다. 모닝 마켓은 5시에서 6시까지만 열리고 이 시장은 6시부터 낮 동안 열리는 것이었다. 아마도 이게 상설시장이리라. 모닝 마켓은 일종의 틈새시장이었다. 같은 지역에서 시간대를 나누어 서로 경쟁하지 않는 구조다. 방콕에도 오전에는 옷가게, 오후에는 식당들이 열리는 거리가 있었다. 동남아시아 특유의 이 시스템이 기발하지 않은가. 진정한 윈윈 정신이로다.

이제 돌아가려고 할 때, 모닝 마켓 골목 끝에서 눈길을 끄는 것이 있었다. 그건 오토바이였다. 요것조것 골고루 담아놓은 봉지봉지 수십 개를 잔뜩 매단 오토바이

들이 보였다. 어제 폭포 가는 길에 저들을 보았다. 마을을 구석구석 돌아다니던 오토바이 행상들. 그러니까 모닝 마켓이 이들의 도매시장이었다. 그들은 이곳에서 각종 야채와 생선, 고기들을 떼어 골목골목을 누빈다. 비닐봉지에 든 것들은 한 끼 정도로밖에 보이지 않는 양이었다. 미얀마 사람들은 딱 그날 먹을 만큼만 장을 보는 게 분명했다. 저렇게 살면 굳이 냉장고가 필요없겠구나. 오래 두고 보관할 음식이 없을 테니까. 그들의 삶은 단순했지만 현명해 보였다.

"한새야, 저 오토바이 봤지? 저거 꼭 찍어. 진짜 엄청나다!"

나는 한 오토바이에 시선이 꽂혔다. 그것은 곧 가지가 부러질 듯 포도 알이 주렁주렁 매달린 나무 같았다. 저 많은 하얀 비닐봉지들이 포도송이처럼 보였다. 저렇게 많이 싣고 달릴 수나 있을까? 그런 걱정은 말라는 듯 오토바이 주인은 헬멧을

단단히 고쳐 썼다. 살짝 보이는 옆얼굴, 뜻밖에 중년의 아줌마? 안장에 노련하게 올라앉아 백미러를 고정시켰다. 출발하기 직전, 그녀의 뒷모습은 말했다. '그래, 나 욕심 많은 아줌마다. 그게 뭐 어때서? 오늘 이 물건들을 다 팔고야 말겠어.' 억척스러움과 절실함을 함께 싣고서 오토바이는 힘차게 달려나갔다.

이상한 나라의
아이들

Myanmar, Thibaw

그들은 어디에나 있었다. 휴게소, 식당, 카페, 티샵. 눈치 빠르고 몸이 날랬다. 잘 웃고 친절하기까지 했다. 이 아이들은 도대체… 뭐지? 중고생 나이쯤 되어보이는 10대 아이들. 그 애들이 일하는 모습을 어디서나 볼 수 있었다.

양곤에서 바간으로 가는 장거리 버스, 중간에 휴게소에 들렀다. 밤 10시, 늦은 시간이었지만 저녁을 먹어야 했다. 아마 미얀마에서 가장 시설 좋은 휴게소였을 게다. 규모가 큰 여러 개의 식당이 나란히 늘어서 있었고 네온사인이 번쩍거렸다. 아무데나 들어갔다.

식당은 생각 외로 넓디넓었다. 뜨거운 국수를 파는 곳이 따로 있었고 밥과 반찬은 유리박스 안에 진열되어 있었다. 어떤 것을 선택해야 할지 모를 정도로 반찬 종류가 많았다. 어떻게 주문해야 할지, 어디에 앉아야 할지, 무얼 먹어야 할지 정신이 하나도 없었다. 손님들도 얼마나 북적대는지 그 혼란 속에서 바보가 된 듯했다.

멍하니 서 있는 우리에게 다가온 건 아이들이었다. 거기엔 아이들이 바글바글했다. 서빙하는 직원 전부가 그 애들이었다. 이 상황에 또 한 번 어리둥절해졌다.

후텁지근한 공기와 소음 속에 잽싸게 왔다 갔다 하는 아이들. 모두 똑같은 하늘색 티셔츠를 입었다. 그들의 손이 재빠르게 접시를 나르고 치웠다.

열 서너 살쯤 되어보이는 여자아이가 무얼 먹겠냐고 물었다. '그러게, 도대체 우리가 무얼 먹어야 하니? 반찬은 몇 가지를 선택해야 하는 거지?' 우리 모자가 서로 얼굴만 쳐다보고 있을 때, 눈치 빠른 그 애가 결정을 내려주었다. "Two plates?" "O. K. Two plates." 영리한 그 아이는 자기가 알아서 세 가지 반찬을 골라 밥과 함께 담아왔다. 닭고기, 돼지고기, 채소볶음. 어떻게 만든 건지 몰라도 입맛에 딱 맞았다. 우리는 맛나게 접시를 싹싹 비웠다. 아이들 몇이 밥 먹는 우리를 쳐다보며 킥킥 웃었다. 배가 불러 정신이 돌아온 우리도 큭큭 따라 웃었다.

"이 시간에 알바생이 이렇게 많아? 어느 중학교에서 단체로 아르바이트라도 하는 건가? 설마 자원봉사는 아니겠지?"

"글쎄 엄마, 미안마에서도 애들이 알바를 많이 하나?"

모자에게 이 애들은 수수께끼였다. 나중에야 알았다. 이 아이들은 알바생이 아니라는 것을. 아예 학교에 못 가고 일하는 아이들이었다. 그런데도 표정이 너무 밝았다. 그 애들은 '찰리와 초콜릿 공장'에 나오는 호두 까는 다람쥐 같았다. 노는 건지 일하는 건지 여기저기서 깔깔깔 웃음이 터져나왔다. 행동은 또 얼마나 재빠른지. 순식간에 식탁이 치워지고, 금방금방 음식이 나왔다. 아이들이 발산하는 에너지로 식당은 활기에 가득 차 있었다.

달콤쌉싸름, 미얀마

유적도시 바간의 티샵에서 만난 아이도 잊을 수가 없다. 유독 손님이 많은 가게였다. 서빙하는 직원은 역시 10대 소녀. 열 넷이나 열다섯쯤 되었을까. 어제에 이어 두 번째 방문이었다. 날씨는 푹푹 쪘고 나는 시원한 맥주를 마시고 싶었다. 티샵이라고 차만 파는 건 아니다. 맥주와 간단한 국수 요리도 판다. 하지만 국수로 안주를 삼고 싶지는 않았다. 오다가 길에서 튀김을 한 봉지 사왔다. 간식 겸 안주였다. 이런 거 들고 가면 싫어하지 않을까 슬쩍 걱정이 되긴 했다.

소녀는 어제처럼 반갑게 우리를 맞았다. 그리고 나의 걱정은 아주 쓸데없는 짓이었다. 맥주만 시켰는데 아이는 접시 하나를 같이 들고 왔다. 그리고는 봉지 속의 튀김을 꺼내어 접시에 얌전히 담아주는 게 아닌가? 트레이드마크처럼 햇살 웃음을 날리며 말이다. 감동스러웠다.

그 아이는 웃는 게 참으로 예뻤다. 그리고 참 잘 웃었다. 차를 나르면서도, 손님들과 얘기를 하면서도 눈에서 입에서 웃음이 떠나지 않았다. 도대체 비결이 뭐니? 일하는 게 그렇게 즐겁니? 타나카를 바른 양 볼에 **햇살웃음이 넘치던 아이.** 오래도록 생각이 났다. 한새도 가끔 그 소녀 이야기를 한다. 그 웃음이 너무 예뻤다고, 사진 한 장 찍고 싶었는데 차마 말을 못 했다고. 짜식, 너도 소녀에게 반했었구나. 사진을 못 찍은 건 나도 못내 아쉬웠다. 아이는 흔쾌히 허락했을 텐데.

미얀마에서 일하는 아이들은 내 상식을 뛰어넘었다. 돈이 없어서 학교에 못 가는 상황은 당연히 '어둠'이어야 했다. 중학생 나이에 접시를 나르는 아이들이 저리 밝을 수는 없었다. 나의 고정관념은 그들이 '불쌍하고 우울한' 모습이어야 한다고 말했다. 헌데 현실은 그 반대였다. 가난해서 학교를 가지 못했든, 스스로 직업전선에 뛰어들었든, 아이들은 자신이 선택한 삶을 기꺼이 받아들인 얼굴을 하고 있었다. 어떤 이유였더라도 그들이 일터에서 불행해 보이지는 않았다. 자기가 할 수 있는 일을 최대한 즐겁게 하는 것, 그것이 이들의 공통점이었다.

한새도 학교를 그만두고 여행을 선택했다. 학교가 싫어서가 아니다. 교사는 아이들을 사랑했고 아이들도 선생님을 믿고 따랐다. 행복한 8년이었다. 아이는 학교로부터 받은 것을 가지고 새로운 세상으로 나아가고 싶어했다. 한국 나이로 치면 중 3, 또 다른 배움인 여행 속으로 뛰어들었다. 더 이상 학생은 아니었지만 여전히 삶을 배우고 있다.

10대라고 꼭 학생이어야 할까? 10대는 반드시 학교에 가야 한다고 누가 정해놓았나? 우리는 왜 그것을 당연히 받아들일까? 고등학교 시절, 나는 내 삶을 좌지

우지하는 학교라는 곳을 이해할 수 없었다. 성적으로만 사람을 판단하는 교사들이 제멋대로 나를 규정하는 걸 참을 수 없었다. '도대체 우리는 왜, 무조건, 학교에 가야 하는 거지!'라고 (속으로만) 절규했다. 그때 나는 이 아이들의 반만큼도 웃지 못했다. 학교야말로 '어둠'의 시공간이었다.

살아보니 그렇더라. 고등학교, 대학교, 취직, 결혼… 사회가 정해놓은 계단을 착실히 밟아간다고 해서 행복이 찾아오지는 않는다. 우리는 얼마든지 다른 삶, 다른 길을 꿈꿀 수 있다. 어느 쪽이든 그대가 원하는 걸로! 어쩌면 미얀마는 이상한 나라였다. 10대 청소년이 반드시 학생이 아니어도 상관없으니. 아무도 그걸 부끄러워하거나 숨기지 않았다. 그리고 손가락질도 하지 않았다. 남들처럼 학교에 다니지 않아도 웃을 수 있으니 아이들은 괜찮아 보였다. 그 애들을 따라 우리도 같이 웃었다. 아이들과 웃음이 꽁무니를 따라 다녔다.

이상한 나라의 아이들. 이상한 나라의 웃음.

우리 팀은 정말 독특한 조합이었다. 트래킹을 같이한 우리 동지들을 만나볼까? 일
단 가이드 피터(이름은 피터지만 토종 미얀마 사람이다). 가이드라기보다는 그저 길잡
이의 역할만 간신히 한달까. 서른여섯에 장가도 못 가고 돈도 없다며 한탄한다. 가
이드 일을 좀 더 성의 있게 했더라면 지금보다는 돈을 벌지 않았겠느냐만, 오직 젊
은 아가씨에게만 흑심이 가득하다. 다음, 트래킹 멤버인 초긍정 명랑소녀 E. 5분만
있으면 주변의 현지인을 모두 친구로 만들어버리는 초능력의 소유자. 아마 사막에
떨어뜨려 놓아도 멀쩡히 살아남을 거라고 확신한다. 그녀의 친구인 50대 스페인
여인 카르멘. 여행을 다니는 자체가 놀라울 정도로 심하게 낯을 가린다. 자석의 양
극 같은 두 사람이 동행인 게 신기하기만 하다. 나머지 멤버 두 명은 위의 세 명에
비하면 지극히 정상적이다. 우리 모자 말이다.

　우리가 찾아온 산동네 껄로Kalaw는 미얀마에서 트래킹을 가장 많이 하는 지역
이다. 다른 도시와 달리 산이 많고 날씨도 시원했다. 우리가 묵은 숙소는 숙박업뿐
아니라 트래킹 프로그램으로도 유명했다. 한 가지 특이한 건 트래킹 팀을 일정별
로 짜지 않고 나라별로 짠다는 사실이었다. 사실은 잠깐 대화를 나누었던 프랑스

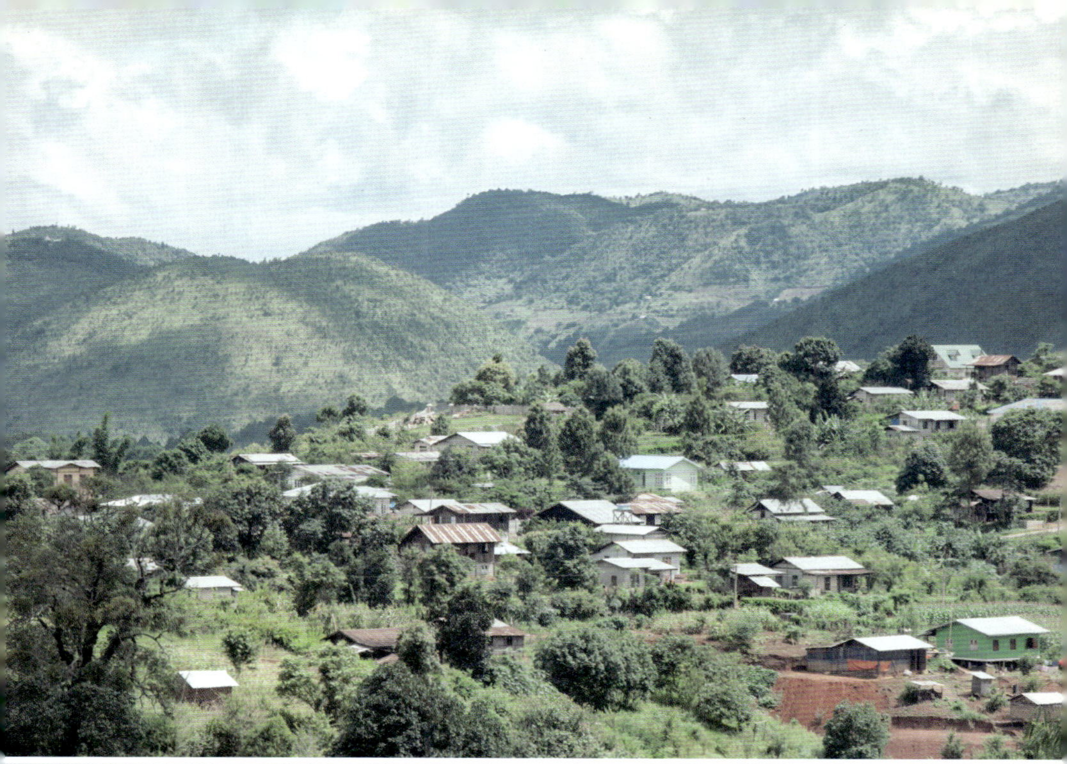
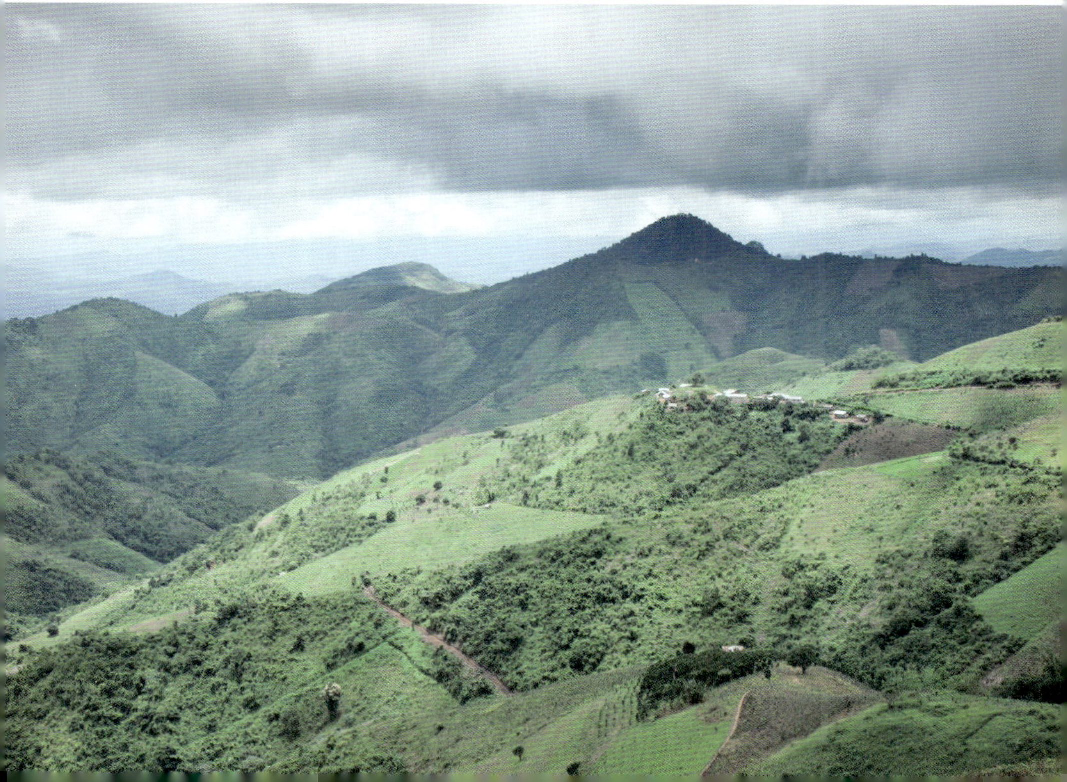

아저씨 두 명과 같은 팀이 될 줄 알았다. 우리 네 사람은 1박 2일 일정을 선택했기 때문이다. 그 둘은 온화한 인상에다 이야기도 잘 통했다.

그런데 막상 2박 3일 일정인 E와 카르멘이 한 팀이 되었다. 프랑스 아저씨들도 일정과 상관없이 같은 프랑스인들과 한팀을 이루었다. 무슨 초등생 소풍가는 것도 아니고 같은 나라 사람들끼리 묶어놓는 이유는 뭔지. 하여간 우리 팀은 그렇게 한국 출신 셋 더하기 스페인 출신 하나로 이루어졌다.

피터가 자꾸 E에게 집적대는 것만 빼면, 걷는 길은 노래가 절로 나올 정도였다. 이어지는 작은 산들은 밝게 빛나는 초록이었다. 그 사이의 논과 밭은 연두와 연두의 파노라마. 껠로의 연두는 꽃보다 고왔다. 하늘은 또 얼마나 환상적인지. 한국에서는 한 번도 보지 못한 빛깔이다. 연한 하늘색부터 진한 파랑으로 겹겹이 짙어지는 마술. 마치 제주도 금릉 바닷물을 하늘에다 풀어놓은 것 같았다. 그리고 손에 잡힐 듯 코앞에 떠 있는 구름들. 논밭과 산들과 하늘은 완벽한 조화를 이루었다. 그림 속을 걷는 기분이 이럴까?

우리가 묵을 산골 숙소에 거의 도착했을 무렵, 일이 터졌다. 카르멘이 피터에게 온수 샤워를 할 수 있냐고 물어봤을 때였다. 대답은 "No." 그럼 전기는 있냐고 또 물어보았다. 역시 "No." 카르멘은 왜 처음부터 온수도 전기도 없다는 걸 알려주지 않았냐고 화를 냈다. 그녀의 화내는 방식은 아예 입을 꾹 다물어버리고 외부와 자신을 차단하는 것이었다.

트래킹 계약을 할 때 세세한 사정을 듣지 못한 건 우리도 마찬가지다. 하지만 여기는 미얀마가 아닌가. 그녀는 이 나라가 유럽이 아니라는 걸 잊은 듯했다. 미얀마 첩첩산중에서 온수와 전기를 기대하는 것 자체가 무리였다. 트래킹이라는 게 일부러 그런 야생을 찾아가는 것 아니었나.

> 자연을 원한다면 편리함을 버려야 하고,
> 편리함을 원한다면 자연을 버려야 하는 것.
> 그것이 미얀마 트래킹의 법칙이다.

카르멘은 숙소에 도착하자마자, 유일하게 커튼이 쳐진 공간을 차지하고는 나오지 않았다. 그녀는 드러누워서 다음날 아침까지 그렇게 버텼다. 그곳을 떠날 때까지 씻지도 먹지도 않은 채 말이다. 이런 그녀 때문에 가이드인 피터의 마음이 불편하겠다 싶었지만…, 천만의 말씀! 그는 E에게 집중하느라 바빴다. 내일이면 E와 카르멘은 인레 호수로 떠날 것이었다. 2박 3일짜리 트래킹은 껄로에서 인레 호수까지 걸어가는 여정이다. 피터는 밤늦도록 일도 없이 방에서 나왔다 들어갔다를 반복했다. 불편한 쪽은 오히려 우리였다. 내일 E와 헤어질 생각을 하니 애가 타는 모양이었다. E는 누구에게나 웃는 얼굴로 대했고 싫어도 싫은 티를 내지 않았다. 눈치 없는 피터는 E가 자신을 좋아한다고 맘대로 착각 중. 가이드 일이나 제대로 할 것이지. 우리는 정말 못 말리는 두 사람의 '쇼쇼쇼!'를 보아야 했다.

그러거나 말거나 나는 산골 그 집이 마음에 쏙 들었다. 언젠가 이런 산속에서

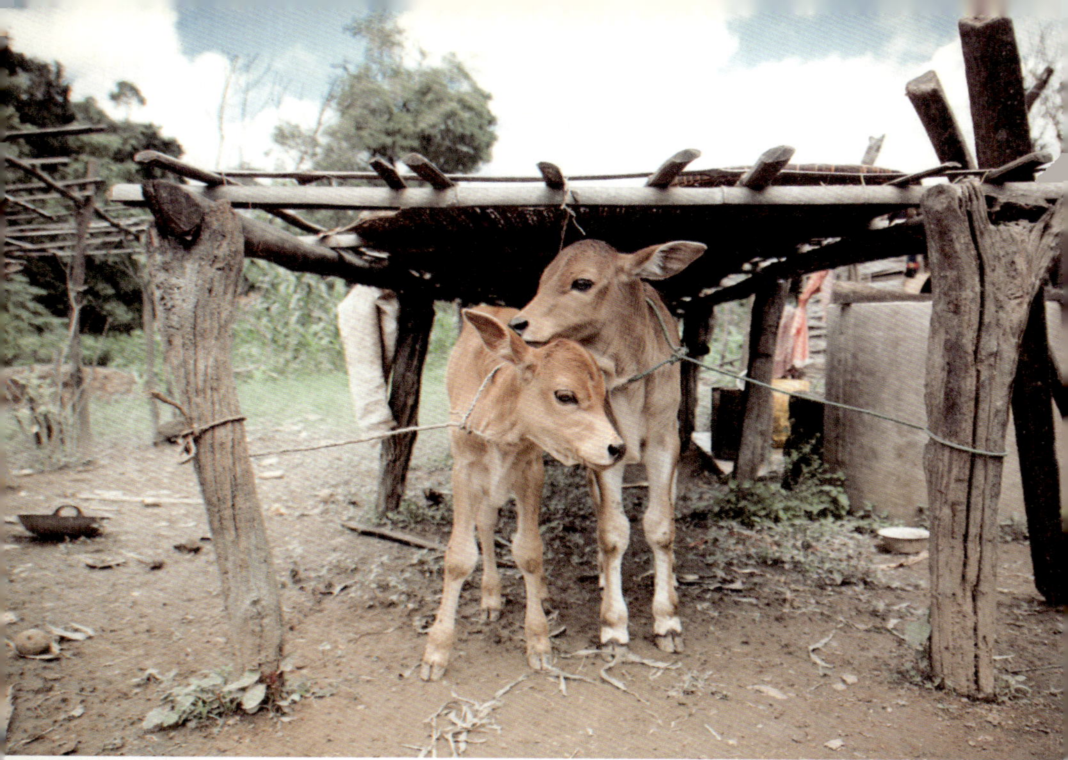
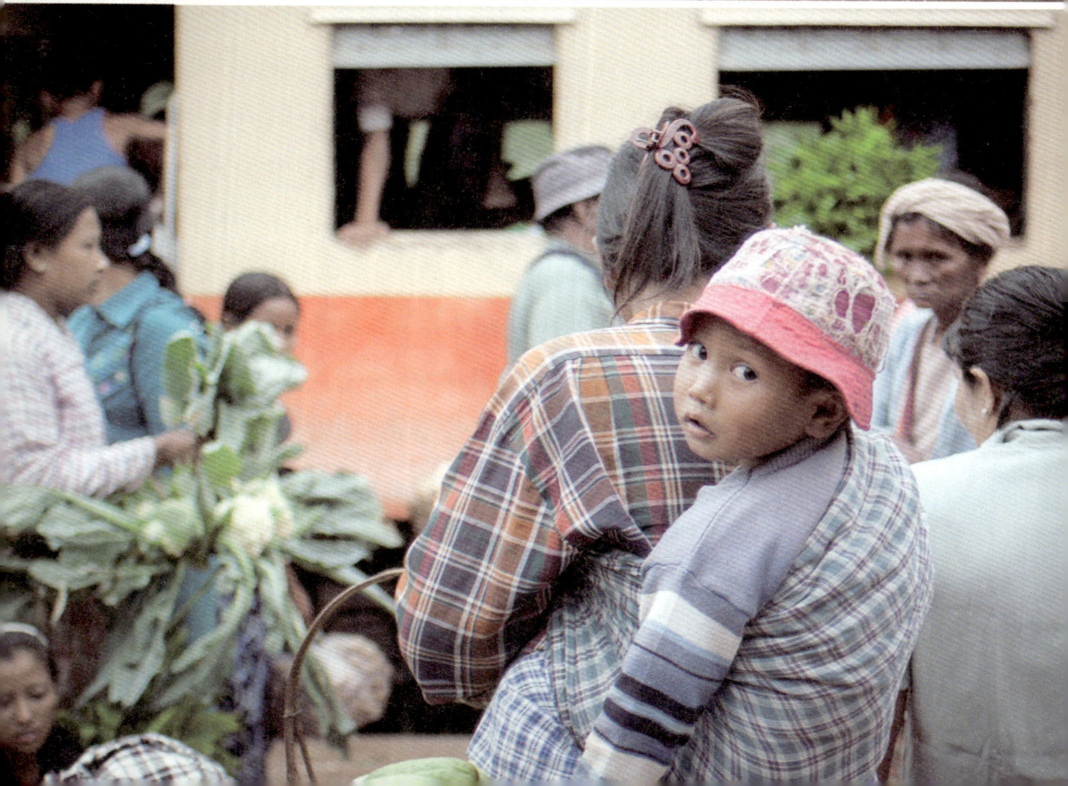

꼭 한번 자보고 싶었다. 카르멘이 경악을 했던 찬물 샤워, 오히려 그것은 트래킹의 하이라이트였다. 하루 종일 땀에 절었지만 나도 찬물은 썩 내키지 않았다. 산속에서 땀은 곧 식어 추워질 것이었다. 거기에 찬물을 들이부어야 하다니. 하지만 이대로는 끈적거려서 잠을 못 잘 게 뻔했다. 얼어 죽더라도 일단은 씻어야 했다.

아, 샤워실이라는 게, 그건 그냥 대나무를 잘라 ㄷ 자 모양으로 엮어놓은 것이었다. 그것도 마당 한가운데 떡 하니 자리 잡고 있었다. 그나마 다른 나무들이 많아서 가려질 것 같긴 했다. 지붕도 없고 문도 없는 자연 샤워실. 뚫린 쪽을 천으로 가리니 간신히 ㅁ 자가 되었다. 나는 땀이 식기 전에 얼른 씻기로 했다. 자연샤워실의 첫 손님이 되시겠다.

"한새야, 거기서 엄마 보이니?"

"아니, 나무에 가려서 하나도 안 보여! 안심하고 샤워해!"

이 집은 계단을 올라가야 방이 나오는 구조다. 위에서 내려다보아도 벌거벗은 몸이 안 보인다니 다행이었다. 물이 귀한 이곳에서 한 사람이 쓸 수 있는 양은 한 양동이. 우거진 나무 아래서 물을 끼얹는데 산과 하늘이 눈에 가득 들어왔다. 석기시대의 야성으로 돌아간 느낌. 속이 탁 트이는 이 기분. 내 생전 이렇게 근사한 목욕은 처음이었다! 세상에서 제일 멋진 노천 샤워! 타잔처럼 '아~아아~' 하고 소리치고 싶은 심정이었다. 춥기는커녕 몸과 마음까지 시원했다. 그리고 이건 생각보다 너무나 재미있었다! 이런 자연 속에서라면 몇 번이라도 노천 샤워를 할 수 있을 것 같았다. 뒤이어 한새와 E도 야생의 목욕을 즐겼다.

밤이 되니 진정한 어둠이 찾아왔다. 전기가 없는 진짜 어둠. 인간의 손길이 닿지 않은 자연 그대로의 어둠. 스와질란드 음릴와네에서보다 더욱 짙고 깊은 어둠이었다. 마당 구석에 있는 화장실에 도저히 들어갈 수가 없었다. 한새가 먼저 저쪽

풀밭에서 볼 일을 보았다. E와 나도 깜깜한 풀밭에 들어가 나란히 오줌을 누었다. 해본 사람은 알 것이다. 이럴 때 서로가 느끼는 민망하면서도 묘한 동지의식. 우리 셋은 계단에 앉아 밤하늘을 바라보았다. 반짝반짝 빛을 내던 별들. 온 밤을 둘러싸던 개구리 울음소리. 그 어떤 음악보다 아름다웠다.

온수와 전기가 없는 이 산은 작은 낙원이었다. 이 곳의 불편함은 인간이 원래 자연의 일부였음을 깨닫게 해주었다. 그것이 불편함이라는 껍질 속에 담겨있는 알맹이였다. 카르멘은 거친 껍질에 질겁을 한 나머지 그 안의 달콤한 알맹이를 맛보지 못했다. 그녀가 유일하게 의지하는 E마저도 그걸 알려줄 수는 없었다. 자신의 손으로 직접 따야 할 열매였으니까. 우리에게는 잊지 못할 추억이 그녀에게는 악몽이 되어버리다니, 진심으로 안타까웠다.

　나중에 E는 말했다. 카르멘이 사람들과 어울리지 못하는 성격이지만 속은 따뜻한 사람이라고. 카르멘을 처음 만났을 때는 자기도 금방 친해질 수 없었다고. 어찌어찌 친구가 된 뒤로는 엄마처럼 자신을 챙겨준다고. 그러니까 '우리 스페인 엄마 카르멘'을 나쁘게만 보지 말아달라고.

　카르멘은 그런 사람이었을까? 상처가 많은 사람. 그래서 아주 어렵게 어렵게 마음을 여는 사람. 그녀에게 E가 있어서 다행이다. 여행길에서 자신을 믿어주는 한 사람을 만났으니. 카르멘에게 말해주고 싶었다. '괜찮아요, 그렇게 웅크리지만 말고 딱 한 발만 내딛어 보라구요. 한 번에 한 걸음씩, 그러다 보면 새로운 세계가 열릴지 누가 알아요? 우리, 그래서 여행을 하는 거잖아요.'

달콤쌉싸름, 미얀마

야호! 프랑스 아저씨들을 다시 만났다. 트래킹 이틀째. 원래 일정대로 2박 3일 팀은 인레 호수로, 1박 2일 팀은 껄로로 돌아갈 것이다. 그러기 전 두 팀은 잠시 같이 걸었다. 우리는 걷는 동안 새로운 친구들을 사귀었다. 프랑스인 부부, 프랑크와 줄리아. 둘 다 교사란다.

한새는 프랑크에게 우리 명함을 건넸다. 프랑크 역시 자신의 이메일 주소를 한 자 한 자 정성스레 적어주었다. 혹시 여행 중 파리에 오면 꼭 연락하라는 말과 함께. 프랑크 이 사람은, 정말 성의가 넘친다니까. 우리가 준비해간 명함은 역시 쓸모가 많았다. 한 장은 그들에게 주고 다른 한 장에 그들의 연락처를 적게 해서 받았다. 사람들은 모두 굿 아이디어라며 칭찬을 했다. 여행자 중 특히 교사들은 한새가 열다섯 청소년이라는 데 관심이 많았다. 학교를 그만두고 장기여행을 떠나왔다는 사실이 유럽 기준에서도 꽤나 독특했나 보다. 프랑크와 줄리아 일행은 인레 호수로 떠났고 팀은 새로 만들어졌다.

가이드 피터, 프랑스 아저씨 필립과 세르죠 그리고 우리 둘. 듬직한 남정네가 둘이나 붙었으니 피터의 뻘짓도 제압할 수 있겠고, 잘됐다. 두 아저씨 역시 교사였다. 카르멘까지 교사. 이건 뭐 사방팔방 둘러보아도 온통 교사들이다. 때는 방학인 7월. 전 유럽의 교사들이 짐을 싸들고 여행을 떠나는 시기였던 것이다.

우리는 껠로 트랙킹을 하는 동안 다음 여행지를 결정했다. 바로 유럽. 그동안 E가 적극 추천한 호주와 은근히 끌리는 유럽을 놓고 갈등을 벌였다. 호주는 동남아에서 가까웠지만 계절이 겨울이라 망설여졌다. 그렇다고 동남아에서 바로 유럽을 가는 건 막가파 여행의 결정판이다. 멀기도 먼 데다 비행기 값도 비싸고 물가도 엄청나다. 늘 그랬듯, 우리의 여정을 이끈 건 길에서 만난 사람들이었다. 독일인 마티아스와 마티아나, 프랑스인 프랑크와 줄리아, 그리고 착한 남자 필립과 세르죠. 그들이 유럽을 궁금하게 했다. 그리고 나는 이제 남국의 더위에 지칠 대로 지쳐버렸다. 유럽은 여름에도 평균기온이 25도 안팎이라네. 그래, 다음엔 유럽이닷! 드디어 마티아스가 말한 '특별한 곳'을 찾았다.

새로운 동지들은 우리의 다음 일정을 물어보았다. 유럽이라고 하자 대뜸 자신의 집으로 초대를 했다. 이메일 주소와 전화번호를 적어주며 반드시 놀러오란다. 집에서 저녁을 대접하겠다는 약속과 함께 필립은 세르죠가 요리를 아주 잘한다고 자랑을 했다. 프랑스 요리 맛을 보려면 먼저 파리로 가야 한다. 파리에 가면 찾아갈 곳이 두 군데나 생겼네, 신난다!

필립은 영어를 잘했고 세르죠는 거의 못했다. 부부라도 이들처럼 다정하진 않으리. 필립은 자상한 통역자였다. 가이드의 말이건, 한새와 내가 하는 말이건, 한

마디 한마디 불어로 다시 전달해주었다. 귀찮은 기색이라고는 손톱만큼도 없었다.

"아들아, 필립하고 세르쥬 말야. 혹시 친구 사이가 아니라 연인 사이 아닐까?"

"사실 나도 그렇게 보여."

세르쥬도 가끔은 영어로 말을 했는데 그건 "Very Nice!"였다. 아름다운 풍경 앞에서 세르쥬는 유일하게 잘하는 말, "Very Nice!"를 외쳤다. Very는 올리고 Nice는 내리는, 독특한 억양을 들을 때마다 괜히 더 흥겨웠다.

이날 트래킹의 백미는 단연 소나무 숲이었다. 점심 도시락을 까먹고 껄로에 거의 다 돌아왔을 때쯤 소나무 숲으로 들어섰다. 5개월에 가까운 여행 내내 "Nowhere is perfect!"를 외치고 다녔지만 이 숲만은 예외였다. 한국에서 흔히 보던 칙칙한 진녹색 소나무와는 달라도 너무 달랐다. 도대체 이 동네의 소나무는 우선 색깔부터 온통 마음을 사로잡는다. 밝고 선명한 초록색. 그리고 곱디고운 연두색. 눈에다 초록과 연두를 쏟아 부어 눈이 멀 것 같았다. 나무 한 그루의 자태도 다듬어 놓은 듯 단아하고 멀리서 바라보이는 숲의 모양도 아름다웠다. 춘향가에서처럼 이리 보아도 예쁘고 저리 보아도 예쁘니 어쩌란 말이냐.

100퍼센트 소나무로만 이루어진 숲속 오솔길. 산 중턱으로 길이 나 있어 양 옆의 시야가 활짝 트였다. 숲 한가운데지만 조금도 답답하지 않았다. 중턱을 넘어 꼭대기로 올라서자 발아래 전경이 펼쳐졌다. 아! 이제까지 봤던 것보다 훨씬 멋들어진 파노라마 풍경! 우리가 이틀 동안 걸었던 땅들이 지도처럼 내려다보였다. 옆구리에 끼고 걸었던 논밭과 작은 산들을 공중에서 내려다보니 창조주가 바로 이런 기분이었을까 하는 생각이 들었다. 발 딛고 있는 이 언덕도, 내려다보이는 풍경도 이보다 좋을 순 없었다. 세르쬬는 소년 같은 미소로 "Very Nice!"를 연발했다.

한새는 이 파노라마를 열심히 찍었… 으면 좋으련만. 겨우 몇 컷을 찍었을까, 갑자기 드륵드륵 거친 소리가 나더니 카메라 렌즈가 고장나버렸다. 네팔에서부터 가끔 이상한 소리가 나긴 했지만, 그래도 이렇게 미얀마에서 장렬히 전사할 줄이야. 아이는 망연자실, 멘붕에 빠졌다. 경치고 뭐고 아무것도 눈에 들어오지 않는 눈치였다. 피터 말고도 우울증 환자가 한 명 더 늘었다. 아들은 그늘이 턱까지 내려온 채로 묵묵부답. 충격이 컸다.

침울한 두 명을 빼고 아직 명랑한 세 사람은 이곳에서 한 시간쯤 천천히 쉬고

싶었다. 나는 두 눈과 마음에 이 모습을 선명히 새겨오고 싶었다. 피터가 그렇게 서둘지만 않았어도 충분히 그랬을 것이다. 이 숲만 내려가면 껄로, 그의 하루가 다 끝나가는 시점이었다. 피터는 얼른 일을 끝내고 돌아가고 싶은 기색이 역력했다. 그는 한국사람도 아니면서 '빨리 빨리!'를 외쳐댔다.

이 숲에는 우리들뿐이었다. 미얀마 시골길 어디에나 나뒹구는 철퍼덕한 소똥도, 매연을 내뿜는 시끄러운 오토바이도, 바가지를 씌우는 장사꾼도 없었다. 산등성이 옆구리를 타고 가는 오솔길은 평탄하고 낮았다. 이 청량한 공기와 바람을 백 개의 자루에 넣어 한국으로 보낼 수만 있다면, 저 연두와 초록을 배낭 한가득 꾹꾹 눌러 담아서 집에 가져갈 수만 있다면! 나는 몇 번이고 눈을 떴다 감았다 하며 이

풍경을 가슴에 담고 또 담았다.

　숙소로 돌아온 필립과 세르죠는 그날 밤에 껠로를 떠났다. 일부러 우리 방을 찾아와 굿바이 인사를 하며 남긴 말.

　"한새, 파리에 오면 꼭 전화해! 세르죠가 맛있는 프랑스 요리를 만들어줄 거야!"

　이미 착실한 독일 사람들에게 반했지만 프랑스 사람들도 못지않게 매력적이었다. 이런 따뜻한 똘레랑스 실천자들 같으니라고! 여행 중 집으로 초대받기는 처음이어서 우리는 기대에 부풀었다. 꼭 파리 가자!

　그러나 8월 29일, 우리는 파리가 아닌 폴란드의 수도 바르샤바로 날아갔다.

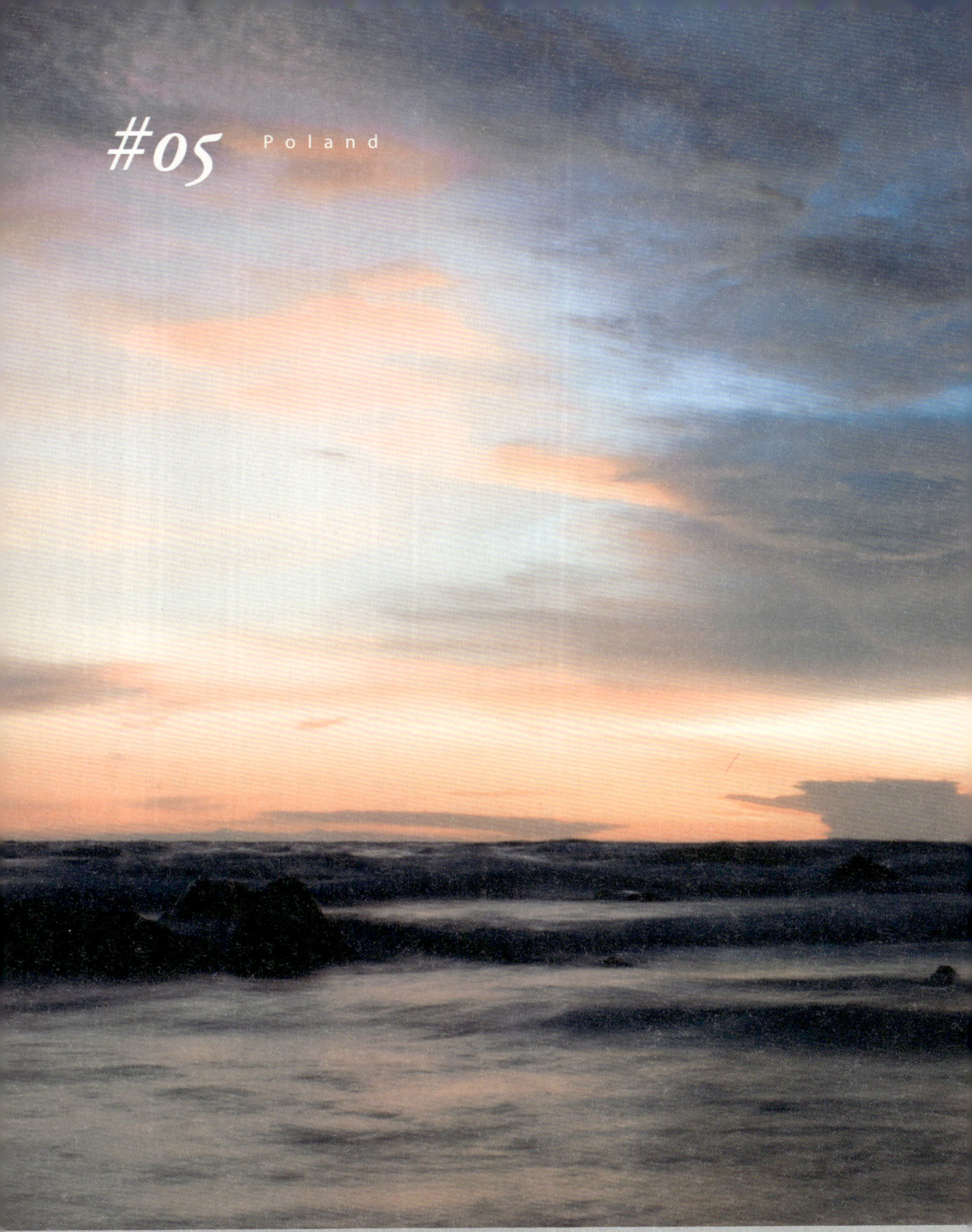
#05
Poland

향기롭게,
폴란드

발목
잡히기

미얀마에서 방콕으로 돌아왔다. 곧 서유럽 여행을 계획했지만 여러모로 아귀가 맞지 않았다. 즉흥적인 서유럽 여행에는 많은 비용이 든다. 게다가 때는 한여름 성수기였다. 프랑스 친구들의 초대를 저버려야 하는 것, 그 점이 땅을 치게 아쉬웠지만, 고민 끝에 우리는 플랜 C를 찾았다.

유럽은 유럽이되 상대적으로 경비 부담이 없는 곳. 그렇다, 동유럽이다! 서유럽처럼 복잡한 예약도 필요 없고, 여행자들이 바글대지도 않으며, 비교적 물가도 저렴하다. 막가파 여행은 이제 동유럽으로 흘러갔다. 폴란드에서 체코와 슬로바키아, 비엔나를 거쳐 헝가리까지 두 달 정도, 그렇게 계획을 세웠다. 이제까지와는 전혀 새로운 여정이 우리를 기다리고 있었다. 한껏 기대되고 한껏 두근거렸다.

하지만 폴란드로 가는 길은 결코 만만치 않았다. 이런 루트로 여행하는 사람들이 별로 없는 만큼 일단, 비행기 표 구하기가 어려웠다. 늘 그랬듯 항공권 가격비교 인터넷 사이트를 통해 알아보았는데 자꾸 오류가 났다. 연결된 항공사가 안 열리든지, 결제가 안 되든지, 도무지 바르샤바 행 비행기 표를 예약할 수가 없었다.

결국 카오산 로드에 있는 여행사들을 찾아다녔다. 온라인보다 훨씬 비쌌지만

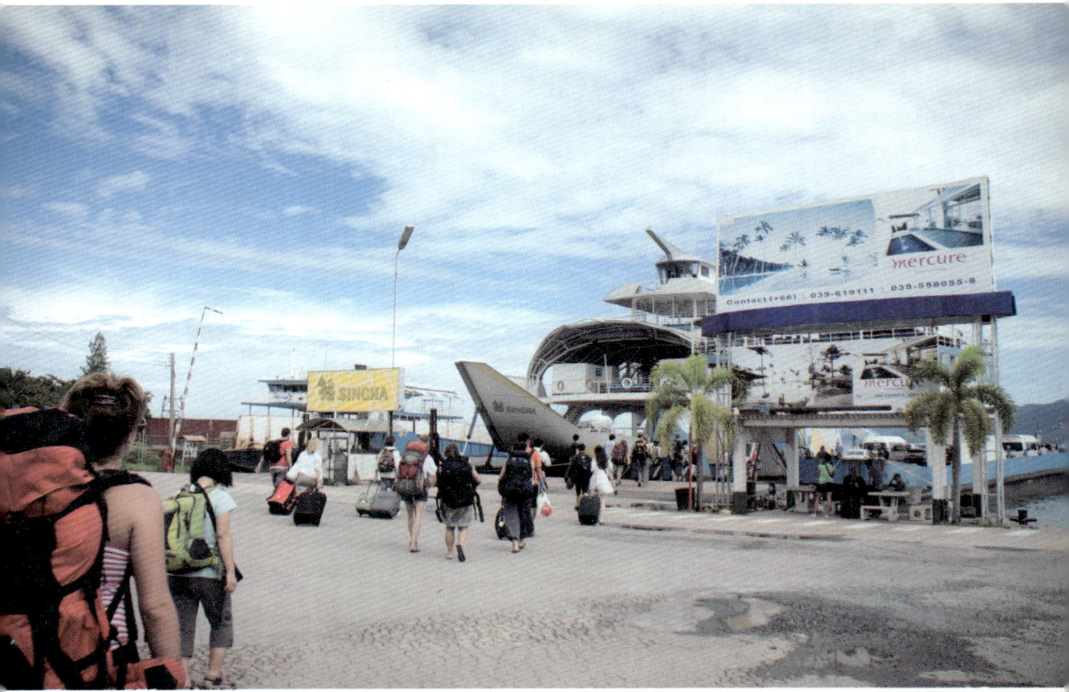
SINGHA
mercure
Contact(+66) : 039-619111 : 039-558055-8

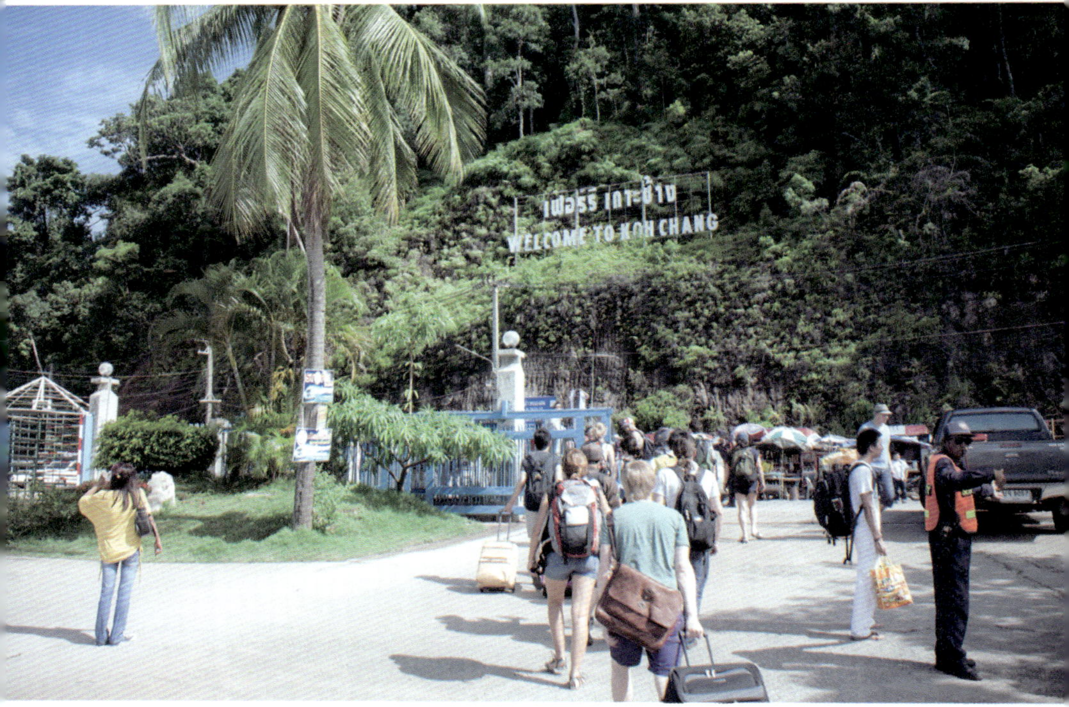
เฟอร์รี่ เกาะช้าง
WELCOME TO KOH CHANG

그마저도 표를 구하기가 어려웠다. 그러다 한 여행사에서 착한 가격의 편도 항공권을 발견했다. 그러나 중대한 결함이 있었다.

"내가 이 표를 팔 수는 있습니다. 하지만 이 표로는 쑤완나품 공항(방콕의 국제공항)을 나갈 수가 없을 거예요. 방콕에서 유럽에 가려면 국적에 상관없이 왕복표를 제시해야 합니다. 편도티켓은 소용이 없어요. 나야 표를 팔면 돈을 버니 좋지만, 당신들한테 이 표를 권하고 싶지는 않군요."

직원은 정직했다. 정직한 사람의 말은 믿는 게 현명할 터. 할 수 없이 돌아오지도 않을 왕복표를 구해야 했다. 울며 겨자 먹기란 바로 이런 것. 카오산의 여행사들을 샅샅이 뒤졌지만 8월에 출발하는 동유럽 행 왕복표는 눈 씻고 봐도 찾기 어려웠다. 서유럽은 물론 동유럽도 8월 성수기에는 표가 귀했던 것이다. 흐, 이게 막가파 여행의 커다란 단점이다.

간신히 8월 29일에 출발하는 러시아 아에로플로트 항공의 비행기 표를 발견했다. 그다지 정직해 보이지 않는 이 여행사에서는 수수료를 얼마나 붙여놨는지 표값이 눈 튀어나오게 비쌌다.

"저걸 꼭 사야 하겠니? 가격을 불러도 너무 불렀잖아. 하루쯤 더 궁리해보면 뭔가 수가 나오지 않을까?"

"아니야, 이거 놓치면 우리 동유럽 못 가. 비싸도 그냥 사자. 엄마, 결단을 내려. 이것밖에 대안이 없다고."

아들은 잔뜩 몸이 달아서 졸라댔다. '아이구, 머리야! 그래, 이 표로 낙찰이다.' 현금으로 거금을 주고 예약을 했다. 그동안 아끼고 아낀 돈을 이런 식으로 날려버리는구나. 게다가 무려 20일이나 기다려야 했다.

이렇게 힘들게 왕복표를 구했지만, 결과적으로는 잘한 일이었다. 드디어 방콕을 출국하던 날, 공항에서는 정말 리턴 티켓을 요구했다. 정직한 직원의 말은 사실이었다. 인터넷으로 편도 항공권을 샀더라면 폴란드도 못 가고 비싼 비행기 값만 날릴 뻔했다.

한편, 아프리카에서 날아왔을 때 미칠듯이 좋았던 방콕이지만 20일을 체류해 있다 보니, 이제는 지겹기만 했다. 쑤완나품 공항을 얼마나 드나들었는지 인천 공항보다 익숙해졌다. 처음 탄자니아에서 들어올 때 한 번, 네팔을 오갈 때 두 번, 미얀마를 오갈 때 두 번, 벌써 다섯 번째이다. 폴란드로 나갈 때 또 한 번 추가요! 막가파 여행은 방콕에서 머무는 시간을 자꾸 늘어나게 했다.

폴란드 행 비행기가 출발하기 전까지 우리는 동유럽 여행을 준비하기로 했다. 나는 인터넷을 뒤지며 각 나라들을 조사했고, 한새는 《론리 플래닛》을 맡았다(그렇다, 우리의 분업 시스템은 여전히 이상무!). 우리는 《론리 플래닛》 폴란드편, 체코 & 슬로바키아편, 헝가리편, 이렇게 세 권을 샀다. 그간의 경험으로 여행자에게는 무엇보다 이 책이 경전임을 알게 되었다. 네팔과 미얀마에서도 《론리 플래닛》 덕분에 여행이 한결 수월했다. 아프리카에서도 이 가이드북을 충분히 활용했더라면 생고

생을 훨씬 덜었을 텐데. '통역사'는 남아공에서 론리를 완벽하게 읽어내지 못했다. 이제는 필요한 부분을 콕콕 집어 일정을 짤 정도로 론리 박사가 다 됐다.

조사만 하자니 지루해서 한 번씩 방콕 근교로 나들이를 다녀왔다. 하지만 20일은 길어도 너무 길었다. 방콕의 매연이 자꾸 머리를 아프게 했다. 누군가 꼬 창을 가보라고 권했다. 방콕에서 가장 가까운 섬인 꼬 창^{Koh Chang}, 이른바 코끼리 섬에서 며칠 쉬다 보면 두통도 사라질 것이라고.

꼬 창에 간 지 사흘째 되던 날 새벽, 진짜 심각한 사건이 터졌다. 여행 최대의 위기였다. 자다가 깼는데 아랫배가 쥐어짜듯 아팠다. 자꾸 소변이 마려웠다. 밤새 수십 번 화장실을 들락거렸지만 시원하지가 않았다. 게다가 소변은 피가 섞인 듯 붉은색이었다. 눕지도 앉지도 못한 채 밤을 꼴딱 샜다. 그날 아침 부랴부랴 방콕으로 돌아왔다. 인터넷을 찾아보니 급성 방광염과 증상이 같았다.

하지만 방광염이 아니라 다른 큰 병이라면? 그렇다면 동유럽이고 뭐고 한국으로 돌아가야 한다. 카오산에서 항공권 환불 같은 건 꿈도 꿀 수 없다. 그 비싼 걸

공중에 날려야 하다니! 죽도록 아픈 가운데서도 그런 생각이 들었다. 이제 한창 여행을 즐기던 참인데 이대로 돌아간다고? 죽도 밥도 아닌 상태로 말이야? 아, 그건 정말 아니다! 그런데 또 한편으로는 집에 돌아가 편히 쉬고 싶은 욕구가 스멀스멀 올라오기도 했다. 몸이 아프니 내 침대가 그리웠다.

이게 뭐든 방콕에서 치료가 되긴 할까? 그냥 한국으로 돌아가서 치료를 해야 하나? 만약, 만약에 (상상하기도 싫지만) 돌아가야 한다면 치료를 끝내고, 만반의 준비를 한 다음 10월쯤 다시 나오는 거야. 이대로 끝낼 수는 없어. 머릿속에서 수만 가지 생각이 떠올랐다 사라졌다.

당장 병원을 찾아갔다. 한국인 자원봉사자가 있는 병원이었다. 단아한 원피스를 입은 교민 여성이 진료받는 것을 도와주었다. 병명은 예상대로 급성 방광염. 다른 큰 병이 아니라서 얼마나 안심을 했는지 모른다. 의사는 일주일치 약을 처방해주었다. 만약 일주일이 지나도 낫지 않으면 약국에서 같은 약을 사먹으라고 했다. 태국은 한국과는 달리 처방전 없이도 약을 살 수 있었다.

진료비 계산할 때 보니 5만 원이 넘게 나왔다. 또 눈이 튀어나온다. 자원봉사자의 말로는 외국인에게는 5배에서 10배쯤 진료비를 부풀린단다. 그래서 똑똑한 교민이 항의를 하면 가끔 깎아주기도 한다고. 헉 소리가 터져 나왔지만 어쩌리. 아픈 몸으로 진료비 흥정까지 할 정신은 없었다.

여행을 떠나올 때부터 몸 상태가 시원찮았다. 이제 방랑생활 5개월에 이르자 슬슬 고장이 나기 시작한 것이다. 충분히 쉬어주어야 했다. 증상은 서서히 약해졌지만 완전히 낫지는 않았다. 약은 다 떨어져가고 바르샤바로 출발할 날이 다가왔

다. 만약을 대비해 약이 더 필요했다. 바르샤바에서 또 어떻게 병원을 찾아간단 말인가. 태국에서보다 폴란드에서 병원에 가는 게 더 어려울 것 같았다. 카오산에는 약국이 많으니까 이런 약쯤이야 금방 살 수 있을 줄 알았다. 그런데 알약 두 가지 중 한 가지는 도저히 구할 수가 없었다. 카오산의 약국이란 약국은 몽땅 뒤져도 그 약은 팔지 않았다. 에라, 모르겠다. 나는 약 한 가지만 가지고 바르샤바 행 비행기에 올랐다.

'당연함'과
'나중에'

Poland, Warsaw

바르샤바 공항을 나서는 순간, "흡~!" 하고 공기를 들이마셨다. 아프리카와 아시아를 거쳐 유럽에서 내쉬는 첫 호흡이었다. 우선 지긋지긋한 더. 위. 가. 없었다. 저녁 6시쯤, 해는 비끼고 날씨는 서늘했다. 택시 기사에게 호스텔 주소를 보여주니 내비게이션부터 켰다. '아, 내비가 있구나! 그래, 여긴 유럽이지.' 한적한 차량에 비해 도로는 배짱 좋게 넓었다. 양쪽 도로 한가운데도 넓은 잔디밭이 깔렸다. 그 옆에 쭉 뻗은 자전거 도로와 우거진 아름드리 가로수. 그리고 무엇보다 시원하고 깨끗한 공기. 여기 폴란드의 수도 맞나? 시골도 아닌데 이렇게 공기가 맑다니. 폴란드의 첫 인상은 한마디로 '쾌적했다!'

뭐든지 널찍널찍하고 시원시원했다. 심지어 레스토랑의 스파게티도 수북하게 큰 접시를 가득 채워 내왔다. 움푹 파진 빵 안에 야채와 고기를 넣은 케밥도 얼마나 푸짐한지, 두 손으로 받들어야 할 지경이었다. 한새는 밥을 먹을 때마다 입이 찢어져라 좋아했다. 먹성 좋은 아들에게 사실 동남아시아의 밥은 뒤돌아서면 배가 고팠다. 여기서는 배 두드려가며 먹는다.

폴란드라서 확연히 다른 게 또 있다. 남녀 불문 모두들 머리가 짧았다. 남자들은 거의 스포츠머리에 가까웠고 여자들 또한 대부분 숏 컷이었다. 이 나라 사람들은 실용적인 걸 상당히 좋아하는군. 우리는 역시 어딜 가나 눈에 띄었다. 바르샤바에서 동양인은 조개구이 먹다가 진주를 발견할 확률만큼 적었다. 상대적으로 긴 한새의 머리도 왠지 촌스러웠다. 우리는 문명의 세계를 처음 본 원시인처럼 폴란드의 모든 게 신기했다.

    온갖 난관 끝에 찾아온 폴란드. 무엇을 봐도 좋기만 했다. 아니 기대이상이었다. 우리는 트램을 타고 바르샤바 시내를 돌아다녔다. 그리고 드. 디. 어. 아들의 내비게이션 능력이 95페센트쯤 되돌아왔다. 트램은 영어 안내방송이 없었다. 폴란드 말로 정차 역을 알려주니 우리가 알 도리가 있나. 하지만 지도에 나와 있는 트램 노선만 보고도 아이는 정확히 내릴 곳을 찾아냈다.

    "엄마, 다음 역이야."

    "어, 그래. 이제는 아프리카에서처럼 헤매지 않겠는 걸?"

    "나는 시스템이 잡힌 곳에서 통하는 스타일인가 봐. 제3세계형은 아닌 것 같아."

　네모난 돌들이 깔린 구시가지는 우리 놀이터였다. 폴란드 사람은 2차 대전 때 완전히 불타버린 시가지를 벽돌 하나 문고리 하나까지 그대로 복구해놓았다. 구시가지의 건물들은 화려하지도 초라하지도 않았다. 옅은 빨강, 옅은 연두, 옅은 갈색, 옅은 오렌지 색깔의 건물들이 다닥다닥 붙어 있었다. 눈부신 흰색도 아니고 현란한 원색도 아닌 중간계열의 색들은 이렇게 말하는 것 같았다. '우리는 허황된 화려함보다 소박한 실용성을 추구합니다.'

　옆 건물과 벽을 공유하고 맞닿은 채 땅 위에 늘어서 있는 집들. 동화 속 같기도 하고 아닌 것 같기도 한 거리. 꼭 어릴 때 세워놓고 가지고 놀던 종이집 세트를 보는 느낌이었다.

향기롭게, 폴란드

노천카페, 아담한 광장, 소박한 성당, 말발굽 모양의 성벽. 깨끗한 거리와 곳곳의 벤치들. 무엇보다 다리가 아프면 아무 데나 앉을 수 있는 벤치가 그리도 반가웠다. 아프리카와 아시아에서는 마음 놓고 걸어 다닐 거리도, 앉아 있을 장소도 없었다. 도시는 먼지와 매연으로 가득했고, 길에는 오토바이, 자전거, 차와 사람이 뒤섞여 돌아다녔다. 조용히 쉬고 싶다면 카페나 레스토랑에 들어가든가 트래킹을 하든가. 돈을 주어야만 가능한 휴식이었다. 그곳에는 여행자가 지갑을 열지 않고는 무거운 엉덩이를 내려놓을 곳이 없었다.

　"아, 앉을 수 있으니까 정말 좋다. 전에는 벤치가 이렇게 고마운 줄 몰랐어."

　"벤치뿐이니? 난 호스텔의 하얀 침대와 푹신한 소파도 기특하기만 하더라."

　"화장실도! 저 화장실에서 재즈가 나오는데, 돈 내는 게 하나도 안 아까웠어."

　거리를 걷다가 아무 벤치에나 앉아서 느긋하게 사람들을 구경하는 것. 마치 처음 해보는 일인 양 새삼 흐뭇했다. 한국에서 당연하게 여겼던 편리함이 폴란드에서는 귀한 선물이었다.

살면서 우리가 당연하게 받아들여야 할 것은 아무것도 없다. 내 옆에 당연히 있는 것들이, 물건이든 사람이든 나무 한 그루든, 사실은 값진 선물이다. 이곳에선 당연한 것들이 저곳에서는 전혀 당연하지 않을 수도 있다.

유럽을 먼저 여행했다면 결코 몰랐을 귀한 깨달음이다. 이런 점에서 막가파 루트는 꽤나 쓸모가 있었다.

"저기 노천카페에서 우아하게 맥주 한 잔 하고 싶다. 유럽에서 이거 꼭 해보고 싶었거든. 저 가게 아이스크림도 유명하다던데? 우리 먹어볼까?"

"여긴 너무 비싸. 크라쿠프Krakow가 물가가 싸다니까 나중에 거기서 먹으면 되잖아. 크라쿠프에도 노천카페 있어. 나도 아이스크림 안 먹을 거야."

아, 네. 짠돌이께서 어려우시겠습니까? 바르샤바 구시가지는 관광지라 그런지 생각보다 물가가 비싸긴 했다. 우리는 슈퍼에서 산 캔 맥주와 아이스크림으로 허전함을 달랬다. 하지만 이날의 결정을 두고두고 후회하게 될 줄이야. 당연히 존재할 줄 알았던 '나중의 크라쿠프'는 없었던 것이다. 늘 잊지 말아야 한다. 여행에서 나중이란 없다는 걸. 이 순간이 전부라는 걸. 여행만 그럴까. 인생도 그렇다.

폴란드에 와서 두 가지를 확실히 배웠다. '당연함'이란 없다는 것. 마찬가지로 '나중'이란 놈도 없다는 것. 두 번째 교훈을 완전히 깨닫기까지는 그리 긴 시간이 걸리지도 않았다.

Przedmieście
Ulica
gen. Michała
Tokarzewskiego-Karaszewicza
Śródmieście Północne
P
STREFA
PŁATNEGO
PARKOWANIA

3146

바르샤바의 공기가 깨끗하다지만, 진짜 최고로 신선한 공기는 따로 있었다. 폴란드에서 제일 크고 오래된 국립공원, 이웃 나라 벨라루스까지 뻗어있는 거대한 숲. 비아워비에자 국립공원이다. 비아워비에자는 유럽에서 최고로 보존이 가장 잘 된 원시림이다. 한새는 폴란드에서 이곳을 가장 와보고 싶어 했다.

한국에서 국립공원 입구라 하면 보통 전형적인 관광지다. 대형 주차장에 관광버스가 줄을 잇고 주점을 겸한 식당이 흥청대는 곳. 이곳은 전혀 달랐다. 그냥 작고 조용한 시골 마을. 식당과 숙소도 몇 개 되지 않았다. 한적한 도로와 드문드문 걸어 다니는 사람들. 한여름이 지난 9월 초였다. 7, 8월이었어도 한국처럼 북적였을 것 같지는 않았다.

첫날은 이곳에서 유일한 유스호스텔에서 묵었다. 다음 날 동네를 산책하다 보니 창문 옆에 침대 그림을 붙여놓은 집들이 보였다. '폴리쉬 홈'이라고, 말하자면 민박이다. 하지만 대개 성수기가 지났다고 손님을 받지 않았다. 아니면 낯선 동양인인 우리를 경계했기 때문인지도 모르겠다.

딱 한 집에서 빈 방을 보여주었다. 주인은 덩치 크고 무뚝뚝한 중년의 여인이

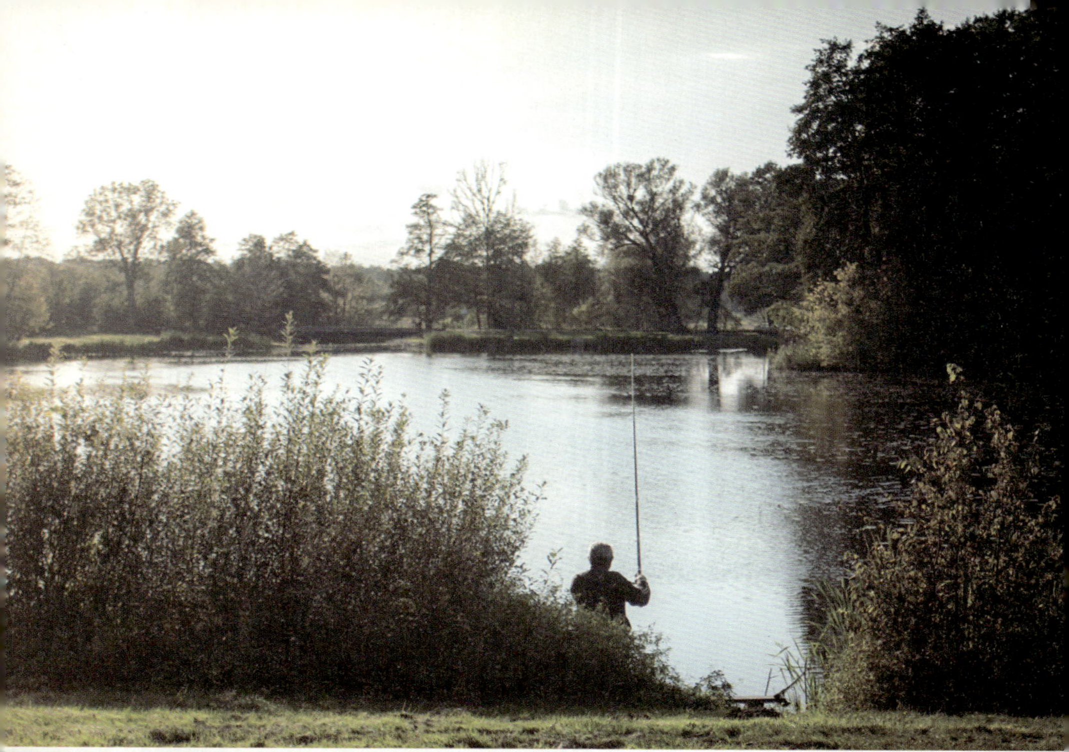

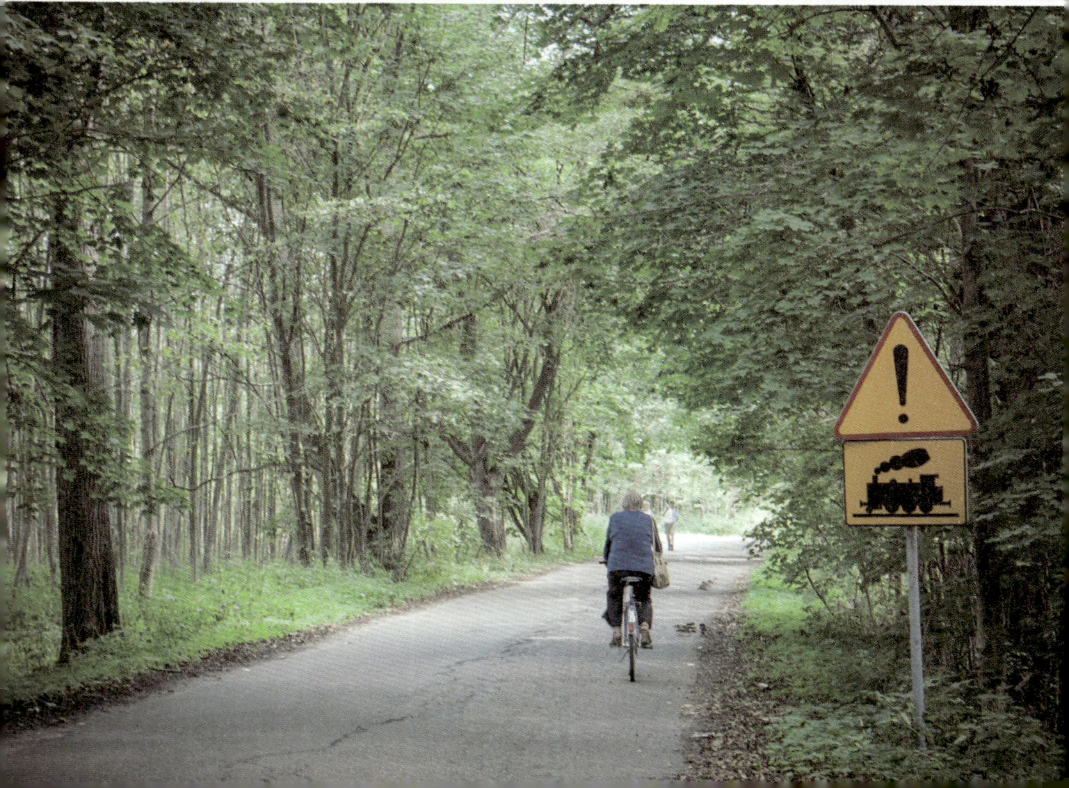

다. 1층은 식구들이 쓰고, 2층에 있는 방 3개가 손님용이었다. 방은 먼지 한 톨 없이 깨끗했다. 클래식한 소파는 낡았지만 편안해 보였다. 그 앞 탁자에는 하얀 레이스 천을 깔아놓았다. 커다란 창문으로 햇볕이 잘 들어 방 안이 환했다. 나란히 놓인 트윈 침대도 푹신했다. 한눈에도 야무진 살림 솜씨였다. 게다가 거리가 내다보이는 손바닥만 한 발코니까지. 무엇을 더 바라랴, 빙고!

방도 마음에 쏙 들고 기왕 폴리쉬 홈에 머무는 것, 식구들과 친하게 지내고 싶었다. 그런 내 마음과는 다르게 (폴란드 사람들이 대체로 무뚝뚝한 건지 몰라도) 그녀는 말을 붙여도 별로 얘기를 하지 않았다. 재미있는 현상 하나! 유창한 한새의 영어는 안 통하고 내 말이 더 잘 통했다. 아줌마는 내가 대충 하는 영어를 더 잘 알아들었다. 유유상종이었던 게야.

"하루 더 있을 게요."

"하룻밤 더 잔다구요? 좋아요."

거기에다 "아들이 우리 방을 아주 좋아해서요." 라고 딱 한마디를 더 붙였다. 그런데도 그녀는 고개를 절레절레 흔들며 얼른 문을 닫고 들어가버렸다. 아줌마는 영어가 서툴러 대화를 꺼리는 것이었다. '뭘 그러슈? 영어 못하기는 나도 매한가지라오.' 그래도 동병상련이라고 나는 그녀의 심정에 납득이 갔다.

다음날 아침, 숲으로 산책하러 가는 길. 아래층에서 만난 아줌마에게 "지엔도부리!(안녕하세요?)" 인사를 하자, 이번에는 안에서 머리가 하얀 할머니가 나왔다. 아마도 저 동양인들이 심히 궁금했던 모양이다. 할머니도 "지엔도부리!" 인사를 했다.

"당신 어머니신가 봐요?"

"네, 그래요."

향기롭게, 폴란드

그녀는 우리를 슬쩍 가리키며 할머니에게 뭐라뭐라 이야기를 했다.

"당신들, 자야파니인가요?"

"자야파니?"

아하! 일본인이냐고 묻는 거였다.

"아뇨, 우린 한국에서 왔어요."

"아, 코리아! 그렇군요."

"이 애는 내 아들이고요, 열다섯 살이에요."

깜짝 놀라는 표정과 제스처가 이어졌다. 그러고는 또 열심히 할머니에게 설명을 해주었다. 아줌마는 덩치만큼 과도한 감탄사와 제스처를 반복했다. 물론 폴란드 말이었지만 무슨 얘기인지 알아챌 수 있었다. 나름대로 통역을 하자면 이렇다.

"오! 세상에. 난 커플인 줄 알았지 뭐예요? 아들이 열다섯 살이라니! 우리 어머니가 당신이 아주 예쁘대요. 당신들 얼굴을 자세히 보고 싶어 하셨어요."

나를 가리키며 자기 얼굴을 위아래로 몇 번씩 쓰다듬는 바디 랭귀지. 당신이 예쁘다는 표현. 오호, 내가 폴란드에서 먹히는 미모였단 말이지! 나는 '봤지?' 하는 얼굴로 한새에게 우쭐해했다.

"엄마, 너무 좋아하지 마. 원래 할머니들은 미의 기준이 좀 다르잖아?"

아들은 얼른 찬물을 끼얹었지만 난 기분이 좋았다. 그들 역시 우리와 가까워지고 싶은 거였다.

셋째 날, 작전을 바꾸었다. 숲을 몇 시간 돌아다니다 집으로 들어오는 길. 동네 슈퍼에서 아이스크림 다섯 개를 샀다. 이 집 식구들인 할머니, 할아버지, 아줌마, 그리고 우리 둘의 몫이었다. 먹을 것을 주는데 싫어하는 사람 못 봤다. 게다가 먹성 좋은 폴란드 사람들 아닌가. 부엌문을 똑똑, "계세요?" 아줌마가 문을 열었다.

"제가 아이스크림을 사 왔어요. 나와서 같이 먹어요. 할머니도 나오세요."

그녀는 무슨 말인지 못 알아들었다. 나는 밖으로 나오라는 손짓을 하고, 식구들을 정원 테이블로 데려왔다. 봉지에서 아이스크림을 꺼내어 "이건 당신 거, 이건 할머니 거, 할아버지 거." 하면서 하나씩 돌렸다. 다들 화들짝 놀란다. 그리고 이내 얼굴에 헤실헤실 미소가 한가득. 아줌마는 "땡큐!"를 외치더니 갑자기 안으로 들어갔다. 그리고는 쟁반에 무언가를 담아서 다시 나왔다. 커다란 케이크 두 조각이었다.

"커피? 아니면 차?"

"고마워요. 커피로 마실게요."

그녀는 커피와 함께 사과를 하나 들
고 나와 신나게 이야기를 했다(폴란드 말
로). 아하! 자신이 직접 만든 케이크인데
사과를 넣었다는 뜻. 나는 그녀와 앉아
서 이야기를 좀 더 나누고 싶었다. 하지
만 아줌마는 오늘은 '여기까지!' 하는 것
처럼 또 날름 들어가버렸다.

겉은 거칠고 속은 달콤한 두툼한 사
과 케이크는 그녀를 꼭 닮았다. 무뚝뚝
한 것 같은데 다가가면 정이 있고, 그래
서 맘 놓고 한 발 더 들이밀면 다시 뒷걸
음질치는, 밀당의 선수. 그것이 폴란드
사람들의 알 듯 말 듯한 기질인 것 같았
다. 첫 술에 배부르랴, 우리도 여기까지!

식구들은 전부 들어갔고 우리만 남
았다. 정원은 작았지만 있을 건 다 있었다. 푸른 잔디 위에 하얀 테이블과 벤치. 정
이 담뿍 담긴 케이크와 커피. 햇살은 따뜻했고 바람은 싱그러웠다. 더 이상의 욕
심은 없었다. 그저 이 순간을 즐길 뿐.

마법에
걸렸다

발음하기도 낯선 비아워비에자를 찾아온 데는 이유가 있었다. 숲 때문이었다. 비아워비에자 숲은 폴란드 동부와 이웃나라 벨라루스까지 광대하게 펼쳐져 있다. 폴란드 정부는 그중 일부를 국립공원으로 지정했다. 국립공원 안에서도 특별한 곳. 진주 속의 진주, '엄격보호구역'이라 이름 붙여진 원시림. 이곳을 꼭 보고 싶었다. 이름도 겁나는 '엄격보호구역'은 가이드를 동반한 투어로만 들어갈 수 있다. 원한다고 마음대로 갈 수 있는 곳이 아니다.

동유럽 일정을 짤 때 세운 원칙은 '국립공원을 중심으로 돌아다니기'였다. 도시는 이동할 때 어차피 들르기 마련이다. 그동안 우리는 도시에서 별 매력을 못 느꼈다. 유적도 한두 번 보면 다 그게 그거 같다. 이상하게 처음 보는 순간만 흥미로울 뿐, 조금 시간이 지나면 덤덤해진다. 그러나 자연 속에서는 달랐다. 산과 숲, 하늘, 오솔길과 호수는 언제나 기쁨을 주었다. 어떤 나라에서건 자연 속에 있을 때가 가장 행복했다. 폴란드는 동유럽 여정 중 국립공원이 가장 많은 나라였다. 그중 1순위는 단연 비아워비에자 국립공원. 그러니 바르샤바 공기를 얼추 쐰 뒤 곧바로 달려올 수밖에.

여름이 막 지난 9월 초, 아직까지는 투어를 진행하고 있었다. 손님은 거의 내국인 관광객들. 별도로 외국인을 위한 잉글리쉬 가이드 투어 프로그램이 있었다. 우리는 전날 피자집에서 프랑스 커플을 투어팀으로 낚았다. 투어는 3시간짜리 트래킹이다. 우리만 해도 네 명이니 최소한의 인원은 되었다. 마음 같아서는 6시간짜리 트래킹을 하고 싶었다. 사실 비아워비에자는 외국인 여행자들이 많이 찾는 관광지가 아니다. 게다가 한여름 성수기도 지났다. 3시간짜리라도 할 수만 있다면 다행이었다. 다음 날 가보니 세 명이 더 모여 일곱이 되었다. 운이 좋았다.

우리의 가이드 할머니는 폴란드 억양이 억세게 강했다. 설명조차 어찌나 지루하기 짝이 없던지 한새는 초반에 통역을 포기해버렸다. 하지만 트래킹은 환상 그 자체였다. 왕가의 소유였다는 팰리스 파크를 거쳐 바깥쪽 숲길을 지나자 엄격보호구역이 자리하고 있었다. 오솔길을 가로막은 문을 통과하면 그곳이다. 가이드들은 사람들을 한 명씩 문 안으로 들여보냈다. 안쪽으로 한 발 내딛는 순간, 갑자기 압도하는 향기에 깜짝 놀랐다. 한 발 뒤에서는 전혀 나지 않던 냄새였다. 문이라야 나무로

성글게 만든 통로에 불과했다. 같은 숲인데 어떻게 이렇게 다를 수가 있지? 인간세상과 신들의 세상처럼 완전히 다른 세상이었다. 그 안은 상상 속에서 그리던 바로 그 세계였다.

숲은 일단 향기로 방문자들을 무장해제시켰다. 모두들 홀린 듯 숨을 들이키며

향기롭게, 폴란드

탄성을 질렀다. 숲 전체를 흠뻑 적시는 그 향기. 분명 꽃이라고는 한 송이도 없었다. 꽃밭에서라도 이런 향은 나지 않으리. 나무들에게서 나오는 건지, 그 아래 풀숲에서 나는 건지 알 수가 없었다. 상큼하고 시원한 향기는 코를 뚫고 폐 깊숙이 번졌다. 그러고 나서 입으로 눈으로, 온 몸의 세포로 스며들었다. 온몸을 활짝 깨우는 마법의 향기. 이런 숲이 있을 수 있다니! 이건 거짓말 같았다. 걷는 내내 어디에서건 향기는 사라지지 않았다. 혹시 이곳에 향기를 내뿜는 요정들이 사는 건 아닐까? 유럽의 동화에 요정이 나오는 건 어쩌면 현실일지도 몰랐다.

그곳은 꿈에 그리던 태초의 숲이었다. 가도 가도 거대한 숲이 이어졌다. 당장이라도 마법사와 마녀들과 요정들이 튀어나올 것만 같았다. 우리는 반지의 제왕을 다시 찍고 있었다. 굵고 튼실한 나무들은 하늘로 쭉쭉 뻗었다. 늘씬하게 잘생긴 훈남들 뿐이다. 오종종한 관목 따위는 아예 끼어들지도 못했다. 빽빽한 나뭇가지 사이로 보석 같은 햇살이 비껴들었다. 하늘을 올려다보면 연두색 나뭇잎이 반짝거렸다. 하얀 빛내림과 푸른 그늘이 나타났다 사라졌다. 풍경은 선명하다가도 꿈처럼 아른거렸다. 맑은 바람은 키 큰 나무들의 머리를 살살 흔들어댔다.

이곳의 주인은 '나무들'이었다. 사람은 그저 스쳐가는 방문자일 뿐. 그들의 허락을 받아야만 잠시 머물 수 있는 존재였다. 오랜 세월을 증명하듯 늙은 나무들은 푸른 이끼로 뒤덮였다. 그들이 이 땅에서 어떻게 나고 자라고 죽어갔는지 보여주는 흔적들이 가득했다.

뿌리째 뽑힌 나무는 썩어가고, 그 위에는 버섯들이 자라고 있었다. 어떤 것은

향기롭게, 폴란드

사람 머리보다 두 배는 컸다. 그것은 버섯이라고는 믿기지 않는 모양새였다. 가이드는 사람들에게 그것을 들어보게 했다. 내 힘으로는 들기 버거울 만큼 무겁고 딱딱했다. 바윗덩어리 같은 그것들은 죽었는지 살았는지 가늠조차 되지 않았다. 오래전 죽어서 쓰러진 나무의 몸통은 동굴마냥 이쪽에서 저쪽이 들여다보였다. 멀쩡히 살아있는데도 이미 속이 텅 비어버린 나무도 있었다. 운명에 순종해 꺾이고 쓰러져 나뒹구는 나무기둥들. 딱따구리가 수백 군데쯤 구멍을 뚫어놓은 나무도 있었다. 땅에는 다람쥐 삼대가 먹어도 다 못 먹을 것 같은 도토리가 바닷가 모래처럼 깔렸다. 모든 것이 '자연스러웠다.' 이것이 순정한 자연이었다.

한새는 숲에 들어선 순간부터 흥분 상태였다. 혼이 반쯤은 나간 것처럼 정신없이 사진을 찍었다. 가이드는 빠르게 사람들을 몰고 다녔고 아이는 매번 꼴찌로 뒤따라갔다. 찍고 싶은 것은 많은데 그녀는 충분한 시간을 주지 않았다. 그래서 아이는 내내 뛰어다녀야 했다. 카메라에 렌즈에 주렁주렁 매달고 사진 찍다가 쫓아가다가를 반복했다.

흥분한 아들의 심장소리가 들리는 것 같았다.
너무나 좋아서 쿵쾅쿵쾅.
내달리는 말발굽 소리 같은.

나는 늘 꿈을 꾸었다. 장대한 숲 속을 거니는 꿈. 지금 그 꿈속에 들어와 있었다. 현실은 그대로 꿈이었다. 끝을 가늠할 수 없는 위대한 나무들의 땅. 꼭대기로 오르지 않고도 지칠 때까지 걸을 수 있는 평평한 숲. 한국에서는 산이 곧 숲이고 숲이 곧 산이다. 산이 아닌 숲이 얼마나 될까? 산으로 가득한 내 나라에서는 결코 걸어볼 수 없는 땅이었다.

자연이 펼치는 웅장한 드라마 속에서 나는 다른 생각이 나지 않았다. 여행 내내 떠나지 않던 고민 — 여행이 끝나면 나머지 인생을 진짜 나 자신으로 살아갈 수 있을까? 이 여행은 내게 그런 힘을 줄까? — 그것을 잊었다. 나도 이 드라마의 '행인 1'이라는 게 감격스러울 뿐이었다. 몸과 마음이 온통 숲의 기운에 푹 젖었다. 내게는 오직 숨 쉬는 그 순간만이 존재했다. 머릿속은 깨끗했고 마음은 가벼웠다. 이 향기와 나무들은 정말로 내게 마법을 걸었다.

"그냥 우리를 이 숲에 한나절만 풀어놔주면 안 될까?"

"내 말이 바로 그거야, 엄마. 우리끼리 천천히 가게 내버려 두면 얼마나 좋을까?"

하지만 여기는 이름도 무서운 '엄격보호구역', 가이드 없이는 마음대로 나다닐 수 없었다. 순한 양이 되어 따라다닐 수밖에. 가이드는 3시간 안에 모든 걸 보여주기 아쉽다는 듯, 뛰다시피 걸었다. 그녀는 역시 엄격보호구역에 어울리는 엄격한

가이드였다. 할머니답지 않게 걸음도 빠르고 마음도 급했다. 5분만 앉아서 쉬고 싶었지만 가이드는 그저 걷고 또 걸었다.

한새는 미친 듯이 사진을 찍으랴, 재빠르게 이동하는 가이드를 따라다니랴, 거의 날아다녔다. 안 그래도 숲의 매력에 압도되어 엔돌핀과 도파민 수치가 있는 대로 올라가 있었다. 한편 환상적인 풍경을 찍을 시간이 턱없이 부족해서 아드레날린 또한 급격히 상승했다. 이래저래 아이는 제정신이 아니었다.

"나, 반드시 여기에 다시 올 거야! 렌즈 다 챙겨 가지고서 꼭 다시 올 거라고!"

"그래, 다음엔 6시간짜리 투어로 실컷 돌아다녀 보자."

꿈 같던 3시간이 지나고 다시 문을 나오는 순간, 감쪽같이 향기가 사라졌다. 그리고는 둘 다 완전히 지쳐버렸다. 우리는 마법에 걸렸다 풀려난 사람들이었다. 오솔길 벤치에 앉아 지나온 저 너머를 돌아보았다.

정말 다시 그곳에 가게 될까?
꿈이 현실이고 현실이 꿈이었던 그 곳을?

그때까지,
안녕
Poland, Poznań

메이글	블로그 재미있게 보고 가요.^^ 폴란드 포즈난 근처로 오실 일 있으시면 밥 쏠게요!
바람소리	와, 폴란드에 아는 사람 하나 없는데 정말 반가운 말씀이네요.*^^* 포즈난이 어디인지 당장 찾아봐야겠어요. 지금 루트 짜고 있는 중이거든요. 루트가 맞으면 꼭 찾아가고 싶네요.^^ 메이글 님 블로그 들어가 봤어요. 폴란드에서 사업을 하시나 봐요. 도전하는 인생, Good Luck! 메이글 님이 사주시는 밥 꼭 얻어먹고 싶습니다. ㅋㅋ
메이글	만약 오신다면 잠은 우리 집에서 주무셔도 괜찮아요. 밥은 분명히 쏘도록 하죠!

이렇게도 사람을 만난다. 메이글은 우연히 내 블로그를 방문했다. 폴란드로 간다는 문장 하나가 눈에 들어오더란다. 그녀는 정말 '다음 여행지는 폴란드 바르샤바'란 제목만 읽었고, 내가 아들과 둘이서 여행한다는 사실도 몰랐다. 제목 이하 나머지 글은 읽어보지도 않고 무조건 초대한 것이다. 뭐 이런 통 크고 털털한 아가씨가

다 있을까나.

　바르샤바에서 포즈난Poznań으로 가는 기차를 탔다. 메이글 때문이 아니라면 절대로 가지 않았을 여정이다. 원래 우리는 크라쿠프를 거쳐 남쪽에 자리한 비에슈차디 국립공원에 들르려고 했다. 크라쿠프는 폴란드에서 유일하게 꼭 가고 싶었던 도시다. 그곳은 500년간 폴란드 왕국의 옛 수도였다. 다듬어지지 않은 동유럽 중세의 모습을 만나고 싶었다. 그다음 비에슈차디에서 슬로바키아로 넘어가는 루트. 포즈난은 서부에 위치해 있어서 루트를 왼쪽으로 수정해야 했다. 사실 포즈난이라는 도시가 있는 줄도 몰랐다. 알고 보니 한국 기업들이 많이 들어와 있는 공업도시였다.

　우리들의 접선 장소는 포즈난 구시가지. 약속시간이 지났는데 그녀는 나타나지 않았다. 이러다 포즈난에서 낙동강 오리알이 되나 싶었지만 (아주 힘들게) 공중전화를 찾아 전화를 했다. 예상대로 씩씩하고 쾌활한 목소리. 차가 막혀서 늦었다고 거의 다 왔단다. 그녀는 친구 S와 함께 자동차를 몰고 나타났다. 무조건 밥부터 먹이는 메이글. 구시가지의 일식당에서 오랜만에 김밥과 초밥, 우동, 찌개를 먹었다. 밥 쏜다는 약속은 확실히 지키는 여자였다.

　그녀의 집은 시내에서 한 시간 반쯤 떨어진 주택가에 있었다. 방이 무려 9개인 저택이다. 이런 집에서 혼자 산다고? 메이글은 국내 건설회사 폴란드 지사의 과장님이었다. 스물아홉에 과장이라니, 보통내기가 아니다. 그러니까 이 저택은 회사

향기롭게, 폴란드

에서 내준 사택이다. 굳이 이렇게까지 큰 집을 얻어주는 데는 까닭이 있었다. 한국 본사에서 사람들이 출장을 나오면 지낼 곳이 필요하다. 호텔보다는 집을 빌리는 게 저렴하단다. 또 다른 이유는 거래하는 폴란드 사람들에게 우리 회사는 이정도의 능력이 있다는 걸 보여주기 위해서란다. 어쨌거나 덕분에 우리까지 복이 터졌다.

얼굴 한 번 본 적 없는 사람을 집에 들이는 게 쉬운 일은 아닐 터, 그 배짱이 궁금했다. 이 대목에서 메이글은 아주 특별한 인생 스토리를 들려주었다. 그녀는 고등학교를 졸업하자마자 단돈 30만 원을 들고 훌쩍 일본으로 떠났다. 산전수전 다겪으며 맨 몸으로 헤딩하다 보니, 어느새 친구들을 사귀고 돈을 벌고 일본어도 마스터했다. 어느 날 전철에 앉아있는데 일본어가 마치 한국어처럼 들렸다. '나한테 이제 일본은 외국이 아니구나.' 싶어 사흘 만에 짐을 쌌다.

집으로 돌아와서 얼마 뒤 이번에는 호주로 워킹홀리데이를 떠났다. 역시 영어 한마디 할 줄 몰랐다. 일본어를 익혔듯이 영어도 빠르게 익혔다. 돈이 좀 모이자 세상 곳곳으로 여행을 다녔다. 그때 가장 아쉬웠던 게 '베이스캠프'였다. 매번 숙소를 옮기는 게 힘들었다. 언제라도 돌아가 쉴 수 있는 베이스캠프가 있다면 참 좋겠다. 언젠가 내가 돈을 많이 벌면 여행자들이 맘 놓고 쉬었다 갈 수 있는 집을 꼭 마련하리라. 아무 대가 없이 누구에게라도 내어주리라. 내가 받고 싶었던 그것을 베풀어주겠다. 그렇게 결심을 했다. 그녀는 지금, 그 소원을 이뤘다.

20대 때 세상을 돌아다니며 하고 싶은 것은 다 해봤다. 이제는 본격적으로 일을 하고 싶었다. 그녀는 대학은커녕 상고출신이었다. 내세울 건 원어민 수준의 영어와 일어, 여행 경력뿐. 그런데도 작은 회사들을 거쳐 이 회사의 과장이 되었다. 최단기 최연소 승진이었다. 메이글은 포즈난에서 길을 닦고 다리를 놓았다. 폴란

드는 아직 갖추어야 할 기간시설이 많았고 그걸 한국 회사가 하고 있었다. 그녀는 타워 크레인만 보면 그렇게 가슴이 두근두근 뛴단다. 자기는 천상 삽질 체질이라며 웃었다. 멀쩡한 강을 파헤치는 삽질만 삽질인 줄 알았다. 세상엔 이렇게 멋진 삽질도 있었다.

한편 메이글은 내게 이런 제안도 했다.

"언니, 한새 외국으로 고등학교 보내는 거 어때요? 얘는 외국에서 학교생활 하면 많이 성장할 텐데. 여기 폴란드에도 좋은 학교 많아요. 돈이 좀 들겠지만, 한 번 생각해 보세요."

돈이 (아주 많이) 드는 거, 그리고 우리는 그럴 형편이 못 된다는 거. 그게 가장 문제지. 여행을 마친 뒤 아들은 홈스쿨링을 하기로 예정되어 있었다. 이 여행 역시 이미 홈스쿨링이었다.

그.러.나.

우리의 여행이 포즈난에서 멈추게 될 줄은 아무도 몰랐다. 난데없이 날아온 부고. 폴란드 여행 내내 마음 한켠을 무겁게 했던, 슬픈 소식이 전해졌다. 돌아가야 하나, 말아야 하나. 여행은 미완이었다. 이런 상태로 돌아가기는 죽도록 싫었다. 어떻게 떠나온 여행인데, 얼마나 힘들게 동유럽에 왔는데. 여행의 제 3막은 아직 2주밖에 되지 않았다. 이 여행에 반드시 마침표를 찍고 싶었다.

하지만 나는 알고 있었다. 내가 어떤 결정을 내릴지 말이다. 망설이고 고민했지만 결론은 한 가지. 이런 결말에 대해 나는 아무런 대책이 없었다. 게다가 아이까지 한 묶음으로 대책 없어져버리는 일이었다. 학교 대신 떠나온 여행이다. 내 선택은 아이에게도 치명적일 터였다. 우린 둘 다 이도 저도 아닌 상태로 방황을 할

게 뻔했다. 하지만 하고 싶은 일보다 해야 할 일을 먼저 처리하는 방식. 6개월에 가까운 여행을 했어도 그것에서 완전히 벗어나지 못했다. 그게 이제껏 내가 타고 있던 컨베이어 벨트였고, 결국 난 거기서 뛰어내리지 못했다.

메이글은 포즈난 공항까지 우리를 태워다주었다. 회사에 출근했다가 다시 나오면서까지 시간을 내었다. 그녀는 마지막 점심마저 옹골차게 먹여주었다. 스테이크와 스파게티, 피자. 밥 한번 쏜다던 약속은 너무도 철저히 지켜졌다. 우리에게는 아직 쓰지 않은 폴란드 돈 즈워티가 많이 남아있었다. 그걸 다시 환전할 경황은 없었다. 무엇보다 나중에 다시 오기 위해 복대 깊숙이 묻어두었다. 그건 꼭 다시 오겠다는 징표였다. 다음번엔 메이글에게 그걸로 한 턱 쏠 예정이다.

그때까지 폴란드, 안녕.

지금까지 만난 사람들 중에 메이글 누나가 가장 인상적이고 놀라웠어요. 저렇게도 살 수 있구나, 무엇을 하든 항상 가능성은 무한하구나 하는 생각이 들었어요. 시작하기도 전에 이것저것 재고 계산부터 하지 말고 내가 가장 원하는 게 무엇인지부터 알아내는 게 제일 중요하다는 것을 느꼈지요.

에필로그

우리는 커서
뭐가 될까

긴 비행을 마치고 인천 공항에 내리는 순간, 나는 여행자에서 생활인으로 변신했다. 처음부터 끝까지 정말 요만큼도 계획대로 되지 않는 여행이었다. 우리는 형부의 장례식장으로 직행했다. 평소 간이 좋지 않았던 형부였다. 우리가 폴란드로 올 즈음부터 중환자실에 있다는 소식이 들려왔다. 그래도 설마, 사람이 그리 쉽게 가지는 않으리라 믿었지만, '설마'는 '현실'이 되었다. 혼이 나간 언니 옆에서 열흘을 지내다 집에 돌아왔다. 배낭이 그대로다. 그러고도 한동안 배낭을 풀 수가 없었다. 여행이 끝났음을 인정하기 싫었다.

아들 역시 힘겨운 시간을 보냈다. 학교를 그만두고 야심찬 장기여행을 선택한 아이다. 끝나지도 않은 여행을 정리도 못 한 채, 느닷없이 돌아와야 했다. 나만큼이나 아이도 힘들어했다. 방황 끝에 아들은 마음을 다잡았다. 해가 바뀌는 1월부터 영어학원에 다녔다. 아침부터 저녁까지 영어회화만 훈련하는 집중과정이었다. 아이는 새벽 6시에 나가 밤 11시에나 돌아왔다. 오직 영어에만 매달렸다. 자신에게 다른 고민과 잡념이 생길 틈을 주지 않으려는 것이었다. 8개월 뒤, 다행히 순조롭게 과정을 마쳤다.

　　우리가 네팔을 여행 중일 때 마침 국제환경단체인 그린피스 한국사무소가 생겼다. 한새는 여행에서 돌아온 뒤 곧바로 그린피스 후원회원이 되었다. 일요일에는 틈틈이 사무실에 나가 자원봉사를 했다. 2012년에 그린피스의 탐사선 '에스페란자 호'가 두 번이나 한국을 방문했다. 2013년에는 '레인보우 워리어 3호'가 들어왔다. 배가 인천, 부산, 삼척에 정박을 할 때마다 아이는 오픈 보트 행사에 참여했다. 생태사진가를 꿈꾸던 아이가 지금은 야생생물학자 겸 환경운동가를 꿈꾼다. 여행을 다녀온 뒤 영어에 매진한 것은 야생생물학을 공부할 수 있는 외국의 대학에 가고 싶어서였다. 여행을 통해 이제는 세상 어디든 갈 수 있다는 자신감을 얻었다.

　이제 열여덟인 아이는 2개월간의 홀로 여행을 떠났다. 이번에는 노르웨이에 있는 우프WWOOF(전 세계적인 유기농가 체험프로그램. 지원자는 농가에 노동력을 제공하고 농가는 숙식을 제공한다) 농장이다. 이전과는 달리 여행자가 아닌 농장 일꾼 신분이다. 아직은 많은 선택을 할 수 있는 나이이므로 일꾼도 괜찮다. 하고 싶은 게 분명하고 그걸 향해 가고 있으니 엄마는 걱정하지 않는다. 어떤 길을 가든 꿈꿔온 대로 살게 되리라 믿는다. 설령 한번에 그리 되지 않을지라도 인생에는 또 다른 기회가 숨어 있는 법이다. 소망대로 되지 않은 건 실패가 아니라 다른 길을 찾으라는 뜻이니까. 인생에서 쓸데없는 건 하나도 없다.

"엄마는 커서 뭐가 될 거야?"

몇 년 전 아들이 즐겨 하던 농담이다. 그때는 뭐라 대답해야 할지 몰랐다. 이제는 커서 뭐가 될지 아니까—'나는 내가 될 것이므로'—꿈이 자꾸 늘어만 간다. 우선 여행 먼저. 돌아와서도 늘 생각한 것은 못 다한 동유럽 여행이었다. 폴란드 크라쿠프부터 체코와 슬로바키아, 비엔나, 헝가리까지, 꼭 동유럽에 다시 가겠다고 다짐했다. 그러다 머무는 여행도 괜찮겠다는 생각이 들었다. 나이는 들어가고 체력은 약해지니, 우아하게 캐리어 끌고 한곳에 머무는 것도 좋을 듯싶었다. 그때는 나 역시 혼자만의 독립여행이 되겠지.

지난 6개월간의 여행은 시작에 불과하다. 이제 겨우 초보딱지를 떼었을 뿐 나는 영혼을 말랑거리게 해줄 더 많은 여행에 목마르다.

폴란드고 동유럽이고 어디든 가려면 영어부터 익혀야 한다. 지난 여행은 아들과 함께여서 별 불편은 없었다. 하지만 짧은 내 혀가 얼마나 아쉬웠는지 모른다. 하고 싶은 말을 마음껏 하고, 깊은 여행을 원한다면 영어라는 강을 건너야 할 것이다.

또 나는 꿈을 꾼다. 외국인에게 한국어를 가르치는 자원봉사, 이 일에 마음이 끌린다. 영어를 배워야 하는 입장이지만 한국어를 가르치는 것도 흥미롭다. 나이 먹어서도 명랑한 할머니 선생님. 상상만 해도 즐겁다.

그것뿐이랴. 커트를 칠 수 있을 정도의 미용기술을 배우는 건 어떨까? 여행 내내 아들 머리를 멋지게 잘라주지 않았나. 소질이 있는 거 아닐까. 여행하다가 머리가 길어진 여행자를 만나면 깔끔하게 다듬어줘야지. 외국에서 낯선 미용실에 머리를 맡기는 건 번지점프만큼이나 아슬아슬한 모험이다. 능숙하게 싹둑싹둑 머리카락을 자르는 내 모습을 생각하면 웃음이 난다.

하고 싶은 일은 또 있다. 여러 해 전에 조금 손댔다가 그만 둔 그림. 언젠가 직접 그린 드로잉과 글로 여행기를 쓰고 싶다. 그리고 사진도 배워야겠다. 아, 세상은 넓고 꿈꿀 것은 많기도 하여라.

순진한 꼬마는 자라서 엄마가 되었다. 그 40여 년 동안을 착실한 모범생으로 살았다. 여행을 통해 나는 내가 모범생이 아니라 날라리로 살고 싶었다는 걸 알았다. 이거야말로 사춘기에 버금가는 사추기다.

여행을 하면서 나는 진짜 날라리가 되었다. 집에 머물든 낯선 땅으로 떠나든 우리는 여전히 여행자다. 삶이라는 여정이 계속되니까.

이제 여행하고 글 쓰는 삶을 시작했다. 그 기념으로 나는 스스로에게 멋진 선물을 해주었다. 엄마도, 아내도, 며느리도, 딸도 아닌 그저 오롯이 존재하는 나에게, 나는 '소율'이라는 이름을 지어주었다. '소율'은 해마다 떠날 것이고 돌아올 것이다. 여행 하나에 책 하나. 그것이면 충분하다.

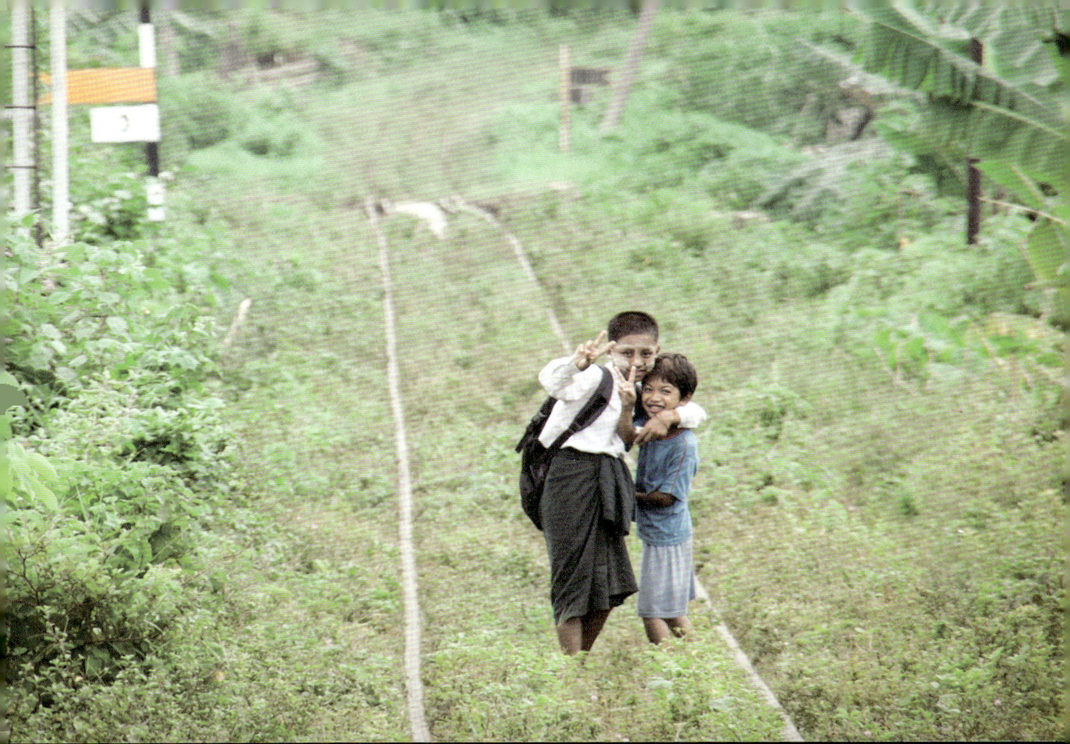

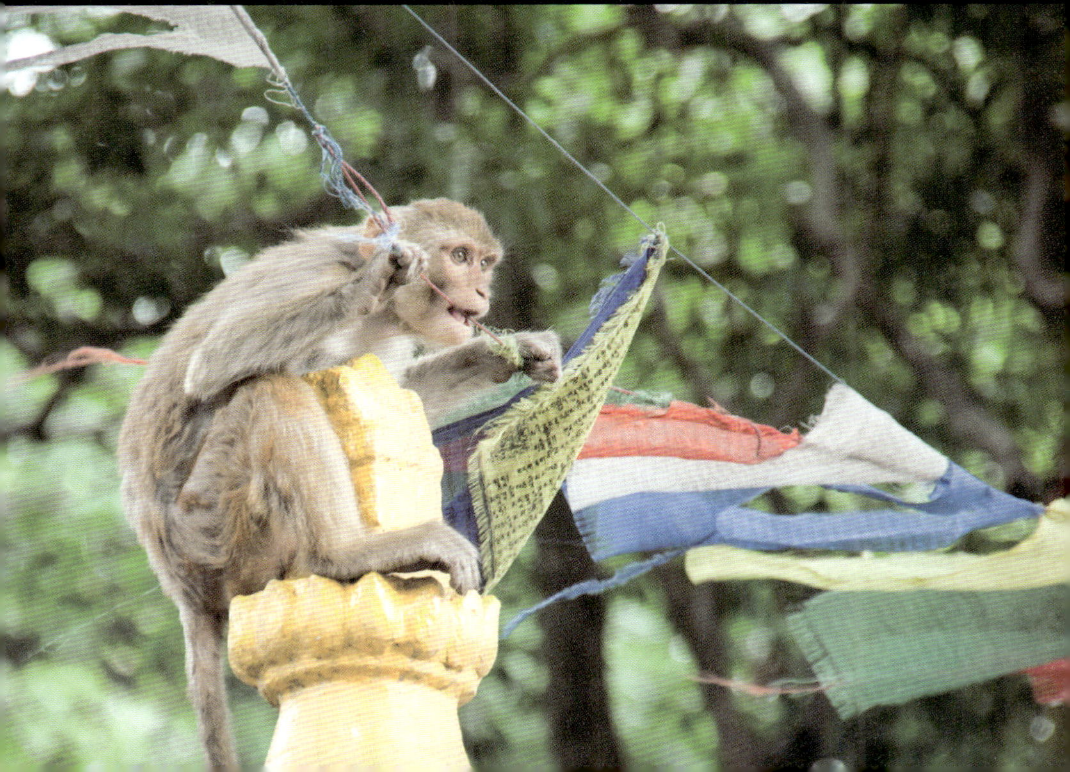